Managementvergütung, Anreize und Kapitalmarkterwartungen

Susanne A. Welker

Managementvergütung, Anreize und Kapital- markterwartungen

Experimentelle Evidenz

Mit einem Geleitwort von Prof. Dr. Robert M. Gillenkirch

 Springer Gabler

Susanne A. Welker

Dissertation Universität Osnabrück, 2011

Springer Gabler
ISBN 978-3-8349-3531-1   ISBN 978-3-8349-3532-8 (eBook)
DOI 10.1007/978-3-8349-3532-8

Die Deutsche Nationalbibliothek verzeichnet diese Publikation in der Deutschen National-
bibliografie; detaillierte bibliografische Daten sind im Internet über http://dnb.d-nb.de
abrufbar.

Einbandentwurf: KünkelLopka Medienentwicklung, Heidelberg

Gedruckt auf säurefreiem und chlorfrei gebleichtem Papier

Springer Gabler ist eine Marke von Springer DE.
Springer DE ist Teil der Fachverlagsgruppe Springer Science+Business Media
www.springer-gabler.de

Geleitwort

Die Vergütung der geschäftsführenden Manager großer Kapitalgesellschaften ist eines der wenigen Wirtschaftsthemen, bei dem die wissenschaftliche Diskussion ähnlich kontrovers geführt wird wie unter Praktikern und in der Öffentlichkeit. In der wissenschaftlichen Diskussion wurde insbesondere vorgebracht, dass Manager ihre Machtstellung missbrauchen, um komplexe und intransparente Vergütungspakete durchzusetzen, deren Kosten von Anteilseignern unterschätzt werden. Komplexität und Intransparenz von Vergütungsinstrumenten können aber nicht nur zu Fehleinschätzungen ihrer Kosten führen, sondern auch zu Fehleinschätzungen der von diesen Instrumenten ausgehenden verhaltenssteuernden Wirkungen. In diesem Zusammenhang stellen sich die Fragen, ob individuelle Investoren die Anreizwirkungen von Vergütungen richtig einschätzen, und ob, auch bei Fehleinschätzungen einzelner Investoren, die Anreizwirkungen korrekt in Kapitalmarktkursen widergespiegelt werden. Beide Fragen behandelt Frau Welker in ihrer Dissertation.

Da sich die Fragen nur mit Hilfe der Methode des kontrollierten Experiments zuverlässig beantworten lassen, bildet Frau Welker eine Delegationsbeziehung zwischen den Anteilseignern einer börsennotierten Aktiengesellschaft und einem angestellten Manager ab, der - je nach Versuchsbedingungen - auf einfache oder aber auf komplexe Art entlohnt wird. Sie sammelt unter diesen Versuchbedingungen sowohl Daten zu den individuellen Aktienbewertungen und Verhaltensvorhersagen einzelner Aktionäre, als auch zu Marktpreisen und Handelsvolumina an einem experimentellen Kapitalmarkt. Ihr gelingt es nachzuweisen, dass es sowohl in individuellen Erwartungen als auch am Kapitalmarkt ein echtes Verhaltensrisiko gibt: Investoren haben keine sicheren Erwartungen über die Anreizwirkungen von Vergütungen, selbst wenn diese äußerst einfach zu beurteilen sind. Sie zeigt weiterhin, dass eine höhere Komplexität der Vergütung zu größeren Fehlbewertungen einzelner Investoren, wie auch zu größeren Fehlbewertungen am Aktienmarkt führt.

Die Ergebnisse von Frau Welker geben deutliche Hinweise darauf, dass die regulatorischen Initiativen zu mehr Transparenz auf der korrekten Annahme beruhen, dass Investoren Vergütungsinstrumente weder hinsichtlich ihrer Kosten noch hinsichtlich ihrer Anreizwirkungen durchgängig korrekt beurteilen. Angesichts der Komplexität vieler Vergütungsformen allerdings ist zu bezweifeln, dass mehr Transparenz ausreicht. Die Ergebnisse deuten statt dessen darauf hin, dass komplexe Vergütungsinstrumente Unsicherheit in die Bewertung sowohl auf individueller als auch auf Marktebene bringen. Ich wünsche der Arbeit gute Aufnahme im wissenschaftlichen Diskurs und auch Beachtung von Entscheidungsträgern der Praxis.

Robert M. Gillenkirch

Vorwort

Die vorliegende Arbeit wurde im September 2011 vom Fachbereich für Wirtschaftswissenschaften der Universität Osnabrück als Dissertation angenommen.

An erster Stelle möchte ich mich herzlich bei meinem Doktorvater, Herrn Prof. Dr. Robert M. Gillenkirch, bedanken. Er hat mich stets in meinem Promotionsvorhaben unterstützt und seine vielfältigen Anregungen und Kommentare haben entscheidend zum Gelingen dieser Arbeit beigetragen. Meine Zeit an seinem Lehrstuhl, zunächst in Göttingen und später in Osnabrück, wird mir stets in sehr positiver Erinnerung bleiben.

Herrn Prof. Dr. Wolfgang Ossadnik danke ich für die Übernahme des Zweitgutachtens.

Insbesondere möchte ich mich auch bei meinen Kollegen am Lehrstuhl und bei meinen ehemaligen Kollegen in Göttingen für ihre Unterstützung bedanken, allen voran bei Achim Hendriks, der durch die technische Umsetzung des Experiments einen wichtigen Beitrag für das Durchführen des Experimentes geleistet hat. Herr Prof. Dr. Markus C. Arnold stand mir während meiner Göttinger Zeit stets als Diskussionspartner zur Verfügung.

Nicht zuletzt danke ich meiner Familie und meinem Freundeskreis für die permanente moralische Unterstützung.

Susanne A. Welker

Inhaltsverzeichnis

Abbildungsverzeichnis

Tabellenverzeichnis

Abkürzungsverzeichnis

BaFin	Bundesanstalt für Finanzdienstleistungsaufsicht
CAPM	Capital Asset Pricing Model
CAR	Cumulative Abnormal Returns
CEO	Chief Executive Officer
CH	Verdeckte Auktion (Clearing House)
DA	Öffentliche zweiseitige Auktion (Continuous Double Auction)
DAX	Deutscher Aktienindex
EVA	Economic Value Added
FASB	Financial Accounting Standards Board
HGB	Handelsgesetzbuch
IAS	International Accounting Standards
IASB	International Accounting Standards Board
IFRS	International Financial Reporting Standards
ORSEE	Online Recruitment System for Economic Experiments
SEC	U.S. Securities and Exchange Commission
SoPHIE	Software Platform for Human Interaction Experiments
S&P	Standard and Poor's
US-GAAP	U.S. Generally Accepted Accounting Principles
VorstOG	Vorstandsvergütungs-Offenlegungsgesetz
VorstAG	Gesetz zur Angemessenheit der Vorstandsvergütung
WPA	U.S. Work Projects Administration
WpHG	Wertpapierhandelsgesetz

Symbolverzeichnis

α Schätzabweichung im Wert

β Schätzreaktion

γ Alternativenschätzabweichung

δ Schätzreaktion Farbfolgen

ϵ Preisschätzabweichung

ζ Preisabweichung

η Preisreaktion

Φ (μ, σ)-Präferenzfunktion

a gewählte Alternative

A Alternativenmenge

B Barvermögen

b Blau

c Alternativenschätzung

d Dividende

e Schätzung des intrinsischen Wertes

g Investor

k Risikoaversion

l Verkäufer

M Menge aller Teilnehmer an einem Markt

N Gesamtangebot des Wertpapiers

n Aktienbestand

p Preis des Wertpapiers

r Rot

s Umweltentwicklung

S Mögliche Umweltentwicklungen

T Betrachtungszeitraum

t Zeitpunkt/Handelsrunde

T_b Anzahl der Ziehungen von blauen Kugeln

T_r Anzahl der Ziehungen von roten Kugeln

V Vergütung des Managers

v Handelsvolumen

W Erwartete Wahrscheinlichkeitsverteilung zukünftiger Dividenden

w Wahrscheinlichkeitsurteil über Managerwahl

w^{blau} Wahrscheinlichkeit für blaue Kugeln

w^{rot} Wahrscheinlichkeit für rote Kugeln

x Intrinsischer Wert

y Käufer

Y^e Entlohnung für die Schätzungen

Y^m Entlohnung der Marktteilnehmer aus Handel

z Sichere Zahlung

1. Einführung

Kaum ein anderes betriebswirtschaftliches Thema hat die Öffentlichkeit in den letzten Jahrzehnten mehr bewegt als das Thema Managementvergütung. In der öffentlichen Diskussion wird zum einen die Angemessenheit der Vergütung im Vergleich zu einem „normalen" Angestellten in Frage gestellt, zum anderen herrscht das Gefühl vor, dass Manager auch dann, wenn sie Verluste erwirtschaftet haben, zu Unrecht hohe Boni erhalten.[1] Insofern muss die Managementvergütungspraxis kritisch hinterfragt werden.

Diese Praxis ist durch eine große Vielfalt in der Gestaltung unterschiedlichster kurz-, mittel- und langfristiger Vergütungsbestandteile gekennzeichnet. Die Vergütungspakete von Vorständen beinhalten in der Regel ein Grundgehalt, kurz- und mittelfristige Bonuspläne, langfristige, oft aktienkursorientierte, Vergütungen und schließlich Nebenvergütungen, z. B. aus Pensionszusagen oder Abfindungen. Die Beurteilung solcher Vergütungspakete, insbesondere im Hinblick auf die durch sie verursachten Anreizwirkungen, dürfte die Kompetenz der Mehrzahl der beteiligten Personen (einschließlich der Manager selbst) übersteigen. Zudem ist es schwierig, die Gesamtvergütung eines Managers aus einem komplexen Vergütungspaket zu berechnen, wie auch den Wert eines einzelnen komplexen Vergütungsinstruments wie etwa eines Aktienoptionsplans (mit Ausübungshürden, Sperrfristen und ähnlichen Merkmalen) zu bestimmen.[2] Insbesondere dieser zweite Aspekt, d. h. die Frage der Nachvollziehbarkeit des Gesamtwertes von Vergütungspaketen, hat zu umfassender Kritik an Vorstandsvergütungen geführt[3], die mit zum Teil weit reichenden Eingriffen des Gesetzgebers in die Vergütungspraxis einhergegangen sind. Zu diesen Eingriffen zählen in Deutschland insbesondere das Gesetz zur Angemessenheit der Vorstandsvergütung (VorstAG, erlassen am 31. Juli 2009) und das Gesetz zur Offenlegung der Vorstandsvergütung (Vorstandsvergütungs-Offenlegungsgesetz - VorstOG, erlassen am 3. August 2005).

Aus ökonomischer Sicht ist die Beurteilung der Anreizwirkungen eines Vergütungssystems freilich von sehr viel größerer Bedeutung, wenn man davon ausgeht, dass das persönliche Einkommen eines hochgestellten Entscheidungsträgers im Vergleich zum Einfluss, den der Entscheidungsträger auf den Unternehmenswert durch

---

[1]So schreibt DIE ZEIT: „Der gemeine Bürger hat bloß nicht mehr das Gefühl, dass gewisse Banker auch verdienen, was sie verdienen." (vgl. Teuwsen (2010))

[2]Vgl. Hall/Murphy (2003), S. 50.

[3]Vgl. z. B. Bebchuk/Fried (2003).

seine Entscheidungen nehmen kann, gering ist. Das vorherrschende Paradigma bei der Betrachtung solcher Anreizwirkungen ist die Agency-Theorie.[4]

In dieser Literatur ist eine wichtige Annahme, dass sich die Interessen von Managern (Agenten) und Aktionären (Prinzipale) unterscheiden. Dies führt dazu, dass Manager nicht immer die Interessen der Aktionäre verfolgen und sogenannte Agency-Probleme auftreten. Um diese zu mindern, sollten Manager am Ergebnis ihrer Handlungen beteiligt werden.[5] Gleichwohl beschreibt der typische agency-theoretische Annahmenrahmen die praktische Situation unzureichend: Im Grundmodell der Agency-Theorie wird nämlich davon ausgegangen, dass der Prinzipal in der Lage ist, die Handlungen des Agenten bei gegebenem Anreizvertrag zu antizipieren. Schließlich ist dies die Grundvoraussetzung dafür, dass der Prinzipal überhaupt einen aus seiner Sicht optimalen (im Sinne der second best Lösung) Anreizvertrag gestalten kann. Aus praktischer Sicht stellt sich daher das folgende Problem: Wie können die Eigenkapitalgeber einer Kapitalgesellschaft, die in der Rolle des Prinzipals die Geschäftsführung an einen Manager (in der Rolle des Agenten) delegiert haben, die Vorteilhaftigkeit alternativer Anreizvertragsvereinbarungen beurteilen?

Die vorliegende Arbeit geht dieser Frage nach. Sie ist von der Idee geleitet, dass sich echte Verhaltensunsicherheit auf die Marktbewertung des Unternehmens niederschlagen wird. Dabei ist mit „echter" Verhaltensunsicherheit nicht Hidden Action oder Moral Hazard gemeint, also nicht das Agency-Problem der Unbeobachtbarkeit von Handlungen des Agenten, welche zu negativen externen Effekten führen kann. Kann nämlich der Prinzipal die Verhaltensreaktion des Agenten auf den Anreizvertrag antizipieren, so besteht zwar Hidden Action, aber gar keine Verhaltensunsicherheit, denn der Prinzipal weiß, was der Agent tun wird. Stattdessen meint echte Verhaltensunsicherheit, dass der Prinzipal die Reaktion des Agenten auf den Anreizvertrag nicht eindeutig antizipieren kann, sei es, weil die Alternativenmenge des Agenten dem Prinzipal nicht vollständig bekannt ist, weil der Prinzipal die Präferenzen des Agenten nicht vollständig kennt, weil der Prinzipal das Vergütungssystem aufgrund seiner Komplexität nicht vollständig durchschaut oder sei es, weil das Vergütungssystem intransparent ist.

Diese Arbeit konzentriert sich dabei auf den Einfluss der *Komplexität* der Managementvergütung. Konkret beruht sie auf der Hypothese, dass Anteile an einer Kapitalgesellschaft an einem Kapitalmarkt mit Risikoabschlägen gehandelt werden, und dass die beschriebene echte Verhaltensunsicherheit zu diesen Risikoabschlägen beiträgt. Ist dies aber der Fall, so ergibt sich eine praktische Implikation: Die

---

[4]Vgl. z. B. Ross (1973), Jensen/Meckling (1976), Holmström (1979).
[5]Für eine Gegenposition vgl. Frey/Osterloh (2005).

Verringerung der Komplexität eines Vergütungssystems ist nicht nur im Hinblick auf die damit einhergehenden veränderten Anreizwirkungen auf den Manager zu beurteilen, sondern kann zu Wertsteigerungen führen, weil es den Anteilseignern leichter fällt, die Anreizwirkungen der Vergütung zu antizipieren und so den Unternehmenswert besser zu beurteilen. Mit dieser Verbesserung in der Beurteilung sinkt der erwartete Bewertungsfehler am Kapitalmarkt und mit ihm die von den Marktteilnehmern verlangte Risikoprämie: Die Komplexität der Managervergütung kann also die Kapitalkosten des Unternehmens beeinflussen.

Die Grundidee dieser Arbeit lässt sich in zwei Forschungsfragen konkretisieren. Zum Ersten wird gefragt, ob Kapitalmarktteilnehmer in der Lage sind, ein Anreizsystem zu durchschauen und die darin implizierten Anreizwirkungen korrekt zu antizipieren: Besteht Unsicherheit über den Unternehmenswert, die aus der Unsicherheit der Anteilseigner bezüglich der Anreizwirkungen der Vergütung resultiert? Zum Zweiten wird gefragt, inwieweit die Erwartungen der Anteilseigner und mit ihnen die Preise am Kapitalmarkt von der Komplexität der Vergütung beeinflusst werden: Fällt es den Anteilseignern schwerer, ein komplexeres Vergütungssystem zu durchschauen, und welche Konsequenzen hat dies für die Preisbildung am Kapitalmarkt? Diese beiden Forschungsfragen werden in den folgenden Abschnitten der Arbeit wiederholt formuliert, begründet und schließlich analysiert.

Beide Forschungsfragen sind empirischer Natur. Gleichwohl lassen sie sich aus naheliegenden Gründen nicht durch empirische Kapitalmarktstudien untersuchen: Weder die „Komplexität" der Managervergütung noch die Erwartungen der Marktteilnehmer lassen sich empirisch auf befriedigende Weise messen. Die vorliegende Arbeit verwendet als Analysemethode daher diejenige des Laborexperiments. In einem Experiment lassen sich auf einfache Weise die Variable „Komplexität" der Vergütung kontrollieren und die Erwartungen der Marktteilnehmer messen. Zudem kann im Experiment eine kontrollierte Kapitalmarktsituation geschaffen werden, indem die Marktteilnehmer Anteile am betrachteten Unternehmen unter kontrollierten Bedingungen handeln.

Die Arbeit ist in sieben Kapitel untergliedert. Nach dieser Einleitung werden zunächst die Grundlagen für die nachfolgende Untersuchung erläutert. Hierzu wird in Abschnitt 2.1 der Bezugsrahmen der Arbeit geschaffen, der es erlaubt, alle nachfolgenden Überlegungen einzuordnen. Aufbauend darauf werden in Abschnitt 2.2 grundlegende Überlegungen zur Informationsverarbeitung am Kapitalmarkt referiert. Dies ist notwendig, um eine theoretische Grundlage für die Informationsverarbeitung in Bezug auf die Information „Managementvergütung" zu erhalten. Abschnitt 2.3 führt in die Theorie und Praxis der Managementvergütung ein. Die Darstellungen dienen hier vor allem auch dazu, das Hintergrundwissen für die Einordnung und Beurteilung der folgenden Ausführungen zu schaffen. Im Einzelnen wird ein Überblick über die Vergütungspraxis (Abschnitt 2.3.1) gegeben, werden empirische Studien zum Zusammenhang zwischen Vergütung und Unternehmenswert (Abschnitt 2.3.2) diskutiert, Erklärungsmodelle der Managementvergütung (Abschnitt 2.3.3) vorgestellt und die wichtigsten Regelungen zur Offenlegung der Vergütung (Abschnitt 2.3.4) referiert.

Kapitel 3 der Arbeit diskutiert relativ kurz experimentelle Kapitalmarktstudien, die einen vergleichsweise engen Bezug zu dieser Arbeit haben. Einführend werden hierfür einige begriffliche Grundlagen geschaffen (Abschnitt 3.1), um danach drei Studien (Abschnitt 3.2) vorzustellen, deren theoretischer Hintergrund und deren Methodik wesentlich für das Verständnis der hier durchgeführten Studie sind.

Kapitel 4 wendet sich dem empirischen Teil dieser Arbeit zu und beschreibt das Design des Laborexperiments, das durchgeführt wurde. Dabei wird nach einem Überblick (Abschnitt 4.1) zunächst ausführlich die Entscheidungssituation des Managers (Abschnitt 4.2) beschrieben. Anschließend wird in Abschnitt 4.3 erläutert, wie die Forschungsfragen im Experiment überprüft werden sollen und ein Überblick darüber gegeben, wie das Experiment durchgeführt wurde. Die folgenden Abschnitte sind der Beschreibung der Situation der Kapitalmarktteilnehmer gewidmet. So gibt Abschnitt 4.4 einen Überblick über den Ablauf der Experimentrunden und die Aufgaben der Teilnehmer. Da ebenfalls die Erwartungen der Teilnehmer über den Endwert der Aktie im Experiment erfragt wurden, wird in Abschnitt 4.5 detailliert erläutert, wie die Teilnehmer ihre Erwartungen bilden konnten. Da im Rahmen des Experiments ein Kapitalmarkt veranstaltet wurde, nimmt die Beschreibung des Marktes ebenfalls Raum ein (Abschnitt 4.6).

Kapitel 5 der Arbeit entwickelt, aufbauend auf den Darstellungen der Kapitel 2 und 3, die Hypothesen der experimentellen Studie. Diese Hypothesen beziehen sich sowohl auf die einzelnen Individuen und ihre Schätzungen des Wertes des im Experiment betrachteten Unternehmens (Abschnitt 5.1) als auch auf die Preisbildung (Abschnitt 5.2) und den Handel am Markt (Abschnitt 5.3).

Kapitel 6 trägt die Ergebnisse der experimentellen Studie zusammen. Nach einem Überblick über den sehr komplexen und umfangreichen Datensatz (Abschnitt 6.1) werden zunächst die Hypothesen zu den individuellen Erwartungen der Teilnehmer überprüft und zusätzliche Forschungsfragen rund um die individuellen Erwartungen untersucht (Abschnitt 6.2). Daran schließen sich die Ergebnisse zur Preisbildung, zum Handel an den experimentellen Kapitalmärkten und wiederum zu zusätzlichen Forschungsfragen an (Abschnitt 6.3). Dabei wird jeweils zunächst ein deskriptiver Überblick über die Daten gegeben und berichtet, wie diese aggregiert wurden, um die Hypothesen zu testen.

Kapitel 7 fasst die Ergebnisse zusammen und diskutiert die wesentlichen Implikationen der Arbeit. Im Anhang finden sich neben weiteren deskriptiven Ergebnissen (Anhang A) die Originalinstruktionen des Experiments (Anhang B) sowie den Fragebögen, den die Teilnehmer nach Beendigung des Experiments beantworteten (Anhang C).

2. Bezugsrahmen und Grundlagen

2.1. Bezugsrahmen

2.1.1. Allgemeine Entscheidungssituation

In diesem Abschnitt wird der Bezugsrahmen dieser Arbeit vorgestellt, innerhalb dessen die Forschungsfragen bearbeitet werden sollen. Ausgehend von diesem Bezugsrahmen sollen im Anschluss die theoretischen Grundlagen erläutert werden. Ebenso wird auf Basis des Bezugsrahmens das Experimentdesign (vgl. Abschnitt 4) für diese Arbeit entwickelt. Der Bezugsrahmen bildet die Beziehung zwischen den Anteilseignern und dem Management einer börsennotierten Aktiengesellschaft ab. Die Anteilseigner haben die Geschäftsführung an einen Manager delegiert und vergüten diesen erfolgsabhängig. Die Entscheidungen des Managers beeinflussen den intrinsischen Wert des Unternehmens.

Der Betrachtungszeitraum beginnt in $t = 0$ und endet in $t = T$. Es wird nur eine einmalige Entscheidung des Managers betrachtet, die dieser zu Beginn des Betrachtungszeitraums zum Zeitpunkt $t = 0$ trifft. Die Entscheidung selbst bleibt den Anteilseignern[1] verborgen. Die Entscheidung beeinflusst jedoch die Wahrscheinlichkeitsverteilung über den intrinsischen Wert x, der einem stochastischen Prozess folgt, welchen der Manager durch seine Entscheidung aus einer Alternativenmenge wählt. Im Folgenden bezeichnet a die durch den Manager gewählte Alternative aus der Alternativenmenge $\boldsymbol{A}$. Der intrinsische Wert wird durch Gewinne bzw. Dividenden in den einzelnen Perioden realisiert. Nach Realisation des letzten Gewinns ist der intrinsische Wert mit Sicherheit bekannt. Der Strom aller zukünftigen Dividenden $\boldsymbol{d} = [d_1, ..., d_T]$ ist eine Funktion der Alternativenwahl sowie der zukünftigen Umweltentwicklung s aus der Menge aller möglichen Umweltentwicklungen $\boldsymbol{S}$.

Die Anteilseigner handeln die Aktien des Unternehmens in diskreten Perioden. Die Gewinnrealisation am Ende jeder Periode erlaubt es jedem Investor, einen probabilistischen Rückschluss auf den intrinsischen Unternehmenswert zu ziehen. Aktienhandel findet sowohl vor der ersten als auch nach jeder Gewinnrealisation bis zum Ende des Betrachtungszeitraums T statt. Da nach der letzten Gewinnrealisation der intrinsische Wert feststeht, wird der Kapitalmarkt danach nicht mehr eröffnet. Die Erwartungen der Anteilseigner in der ersten Handelsrunde beruhen auf ihren Informationen über die Alternativenmenge und auf ihren Erwartungen

---

[1]Die Begriffe Prinzipal, Anteilseigner und Investor werden synonym verwendet.

darüber, welche Alternative a der Manager in $t = 0$ aus der Alternativenmenge aus-
wählt. In späteren Perioden revidieren die Anteilseigner ihre Erwartungen gemäß
den Gewinnrealisationen der einzelnen Perioden und verändern gegebenenfalls ihre
Einschätzung bezüglich der Alternativenwahl des Managers.

Abb. 2.1 veranschaulicht den Bezugsrahmen. Es wird ersichtlich, dass der Manager als Agent der Anteilseigner von diesen entlohnt wird und dass diese Entlohnung
grundsätzlich vom intrinsischen Wert der Unternehmung abhängt. Der Ablauf der
Ereignisse in einer Periode wird wie folgt angenommen:

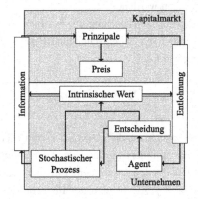

Abbildung 2.1.: Übersicht Bezugsrahmen

Erste Periode: Anteilseigner und Manager schließen einen Vergütungsvertrag
$(t = 0)$, der Manager wird für die Anteilseigner tätig und wählt eine Alternative
a aus der Alternativenmenge $\boldsymbol{A}$ $(t = 0)$. Die Anteilseigner handeln die Aktien des
Unternehmens am Kapitalmarkt (zwischen $t = 0$ und $t = 1$). Am Ende der ersten
Periode wird ein erster Gewinn bzw. eine erste Dividende d realisiert $(t = 1)$. Für
nachfolgende Perioden 2...T gilt: In der Periode t wird der Kapitalmarkt eröffnet
und vor Ablauf der Periode wieder geschlossen. Am Ende der Periode t wird wieder
ein Gewinn realisiert.

Damit wird letztlich eine Entscheidungssituation betrachtet, die eine statische
agency-theoretische Sichtweise mit einer dynamischen kapitalmarkttheoretischen
verbindet. Der Fokus der Arbeit liegt dabei auf der Informationsverarbeitung
durch den Markt in einer Situation, in der der stochastische Prozess der Dividenden und damit die Informationen über den intrinsischen Wert der Aktie von
der Alternativenwahl des Managers abhängen und in diesem Sinne endogen sind.

2.1.2. Erwartungsbildung und Wertpapiernachfrage eines Investors

Es wird nun zunächst beschrieben, wie ein risikoneutraler Investor das Unternehmen bewertet. Vereinfachend wird angenommen, der Zinssatz sei null. Transaktionskosten werden ebenso vernachlässigt wie Steuern oder Handelsbeschränkungen. Zudem agieren alle Investoren annahmegemäß als Mengenanpasser.[2] Der intrinsische Wert der Unternehmung zum Zeitpunkt t entspricht dem Gegenwartswert des Dividendenstroms. Da es unter den getroffenen Annahmen unerheblich ist, ob die Gewinne ausgeschüttet oder einbehalten werden,[3] kann vereinfachend von einer Vollausschüttungsfiktion ausgegangen werden.

Der intrinsische Wert x_{gt} in der Einschätzung des Investors g zum Zeitpunkt t , nach Realisation der Dividenden bis einschließlich Periode $t - 1$, ergibt sich bei risikoneutraler Bewertung wie folgt:

$$x_{gt} = \sum_{i=1}^{t-1} d_i + \sum_{j=t}^{T} E_g(\tilde{d}_j) \tag{2.1}$$

Der intrinsische Wert setzt sich aus dem Gegenwartswert der feststehenden Dividenden bis t, die einfach aufsummiert werden, sowie der Summe der ab t zukünftigen weiteren erwarteten Dividenden zusammen. Für den subjektiven Erwartungswert $E_{gt}(\tilde{d}_j)$ der Dividende in $j > t - 1$, den der Investor zum Zeitpunkt t bildet, gilt:

$$E_{gt}(\tilde{d}_j) = \sum_{a \in \mathbf{A}} w_{gt}(a) \cdot E(\tilde{d}_j | a) = \sum_{a \in \mathbf{A}} w_{gt}(a) \cdot \sum_{s \in \mathbf{S}} w_{gt}(s | a) \cdot d_{js} \tag{2.2}$$

Dies ist wie folgt zu lesen: Der Investor g bildet zweifache Erwartungen: Zunächst bildet er ein Wahrscheinlichkeitsurteil $w_{gt}(a)$ über die vom Manager in $t = 0$ gewählte Alternative und die damit verbundenen Dividenden. D. h. er ordnet jeder Alternative eine Wahrscheinlichkeit zu, mit der sie vom Manager gewählt wurde. Dieses Urteil kann sich von Periode zu Periode aufgrund der zwischenzeitlichen Gewinnrealisationen verändern. Weiterhin quantifiziert er für jede mögliche Alternative die Eintrittswahrscheinlichkeit $w_{gt}(s | a)$ für die Umweltentwicklung s, unter der Bedingung, dass die Alternative a gewählt wurde.

Bildet der Investor seine Erwartungen rational im Sinne des Bayes'schen Theorems[4], so passt er seine Wahrscheinlichkeitseinschätzung über die durch den Manager gewählte Alternative in jeder Periode an, wobei er die gesamte Historie der

---

[2]Zu den Annahmen des vollkommenen Kapitalmarktes vgl. z. B. Franke/Hax (2004), S. 153.
[3]Dies folgt aus der Irrelevanz der Dividendenpolitik, vgl. Miller/Modigliani (1961).
[4]Zur Informationsverarbeitung auf Basis des Bayes'schen Theorems vgl. z. B. Laux et al. (2011), Kap. 10.

Dividenden über Rekursion berücksichtigt. Nach Ablauf der ersten Periode, d. h. nach der ersten Dividendenrealisation d_1, gilt:

$$w_{g1}(a) = w_{g1}(a|d_1) = \frac{w_{g0}(d_1|a) \cdot w_{g0}(a)}{w_{g0}(d_1)}, \text{ mit } w_{g0}(d_1) = \sum_{a \in \mathbf{A}} w_{g0}(d_1|a) \cdot w_{g0}(a) \quad (2.3)$$

Entsprechend folgt für die Erwartungsbildung in t die Rekursionsgleichung:

$$w_{gt}(a) = w_{gt}(a|d_1, ...d_t) = \frac{w_{g,t-1}(d_t|s) \cdot w_{g,t-1}(a)}{w_{g,t-1}(d_t)} \quad (2.4)$$

Offenbar hängt die a posteriori Wahrscheinlichkeitseinschätzung des Investors bezüglich der Alternativenwahl von der a priori Wahrscheinlichkeit bezüglich a, d. h. von den Anfangserwartungen des Investors ab. Dabei gilt: Hat der Investor in $t = 0$ sichere Erwartungen bezüglich der Alternativenwahl, d. h. weist er einer Alternative a^* aus der Alternativenmenge die a priori Wahrscheinlichkeit $w_{g0}(a^*) = 1$ zu, so sind alle weiteren Dividendenbeobachtungen irrelevant für seine Erwartungsbildung bezüglich a: Er bleibt bei seinem Wahrscheinlichkeitsurteil $w_{gt}(a^*) = 1$ für alle t. Dieser Zusammenhang folgt direkt aus dem Bayes'schen Theorem. Danach nämlich gilt für die Erwartung in $t = 1$:

$$w_{g1}(a^*|d_1) = \frac{w_{g1}(d_1|a^*) \cdot w_{g0}(a^*)}{w_{g1}(d_1)} = w_{g0}(a^*) = 1, \quad (2.5)$$

$$\text{denn } w_{g1}(d_1) = \sum_{a \in \mathbf{A}} w_{g1}(d_1|a) w_{g0}(a) = w_{g1}(d_1|a^*) \quad (2.6)$$

Im Folgenden wird die Wahrscheinlichkeitsverteilung über den Strom der zukünftigen Dividenden gemäß der subjektiven Erwartung des Investors g zum Zeitpunkt t mit $W_{gt}(\tilde{d}_t, ..., \tilde{d}_T|a)$ bezeichnet. Die oben abgeleiteten Erwartungswerte $E_{gt}(\tilde{d}_j)$ werden auf der Basis dieses Wahrscheinlichkeitsurteils gebildet.

Es wird davon ausgegangen, dass jeder Investor vor Eröffnung des Handels in $t = 0$ über ein Barvermögen B_{g0} und einen Aktienbestand n_{g0} verfügt. Anderes Vermögen als aus Wertpapierbesitz und Kassenhaltung sei weder vorhanden, noch werde es später erwartet. Demnach konstituieren n_{g0} und B_{g0} das Anfangsvermögen des Investors. Bei erstmaligem Handel am Kapitalmarkt ermittelt jeder Investor seine Wertpapiernachfrage auf der Basis seines Anfangsvermögens, seiner Anfangserwartungen und des Preises des Wertpapiers. Um die Darstellungen zu vereinfachen, wird im Folgenden davon ausgegangen, jeder Investor orientiere sich an einer (μ, σ)-Präferenzfunktion Φ, d. h. er maximiere eine Funktion, die über den Erwartungswert und die Standardabweichungen (bzw. Varianz) seines Endvermögens definiert ist. Dabei beziehe sich das Endvermögen stets auf das Ende des Betrachtungszeitraums T. Die Wertpapiernachfrage des Investors in Periode t wird mit n_{gt} bezeichnet. Für die Wertpapiernachfrage der ersten Periode gilt:

$$n_{g1}^{\star} = \arg\max_{n_{g1}} \Phi(n_{g0}; B_{g0}; n_{g1}; p_0; W_{g0}(\tilde{d}_1, ..., \tilde{d}_T|a)) \qquad (2.7)$$

Die Wertpapiernachfrage hängt also grundsätzlich von dem Anfangsvermögen des Investors, vom Preis des Wertpapiers p sowie von der Wahrscheinlichkeitsverteilung über die zukünftigen Dividenden ab. Letztere ist subjektiv geprägt.

Zu einem späteren Zeitpunkt $t - 1$ gilt:

$$n_{gt}^{\star} = \arg\max_{n_{g,t}} \Phi(n_{g,t-1}; B_{g,t-1}; n_{gt}; B_{gt}; p_{t-1}, W_{gt}(\tilde{d}_t, ...\tilde{d}_T|a); d_1, ..., d_{t-1}) \qquad (2.8)$$

Die Wertpapiernachfrage zu einem späteren Zeitpunkt hängt also allgemein von dem Wertpapierbestand zu diesem Zeitpunkt, vom Preis des Wertpapiers, von den bis dahin realisierten Dividenden sowie von der (subjektiven) Wahrscheinlichkeitsverteilung über nachfolgende Dividenden ab.

Wie erläutert bildet der Investor g zum Zeitpunkt t bezüglich der zukünftigen Dividenden in t, $t + 1$, ..., T ein Wahrscheinlichkeitsurteil $W_{gt}(\tilde{d}_t, ..., \tilde{d}_T|a)$, welches seine Einschätzung bezüglich der vom Manager gewählten Alternative sowie bezüglich der Konsequenzen der Alternativenwahl auf die zukünftigen Dividenden abbildet. Investorspezifische Unterschiede bezüglich dieses Wahrscheinlichkeitsurteils können allgemein auf mehrere Ursachen zurückgeführt werden. So können zwei Investoren unterschiedliche intrinsische Werte ermitteln,

- weil sie unterschiedliche Informationen über die Alternativenmenge $\boldsymbol{A}$ haben,

- weil sie unterschiedliche Informationen bzw. Erwartungen darüber haben, welche Wahrscheinlichkeitsverteilung über Dividenden mit der Wahl einer Alternative verbunden ist und

- weil sie unterschiedliche Einschätzungen haben, welche Alternative der Manager in $t = 0$ gewählt hat.

So kann z. B. ein Investor die Einführung eines neuen Produktes in seiner Alternativenmenge mitberücksichtigen, die einem anderen Investor nicht bekannt ist. Dies kann dann zu unterschiedlichen Dividendenerwartungen führen, und somit kann sich auch die Einschätzung über die Wahl des Managers unterscheiden.

2.1.3. Kapitalmarktgleichgewicht

Bezeichnet N das Gesamtangebot des Wertpapiers, so lässt sich das Kapitalmarktgleichgewicht als Konkurrenzgleichgewicht durch die folgenden beiden Bedingungen charakterisieren:

$$n_{gt}^\star = \arg\max_{n_{g,t}} \Phi(n_{g,t-1}; B_{g,t-1}; n_{gt}; B_{gt}, p_{t-1}, W_{gt}(\tilde{d}_t, ..., \tilde{d}_T|a); d_1, ..., d_{t-1}) \qquad (2.9)$$

und

$$\sum_g n_{gt}^\star = N \qquad (2.10)$$

Haben alle Investoren homogene Erwartungen, so kommen sie zu demselben Wahrscheinlichkeitsurteil bezüglich zukünftiger Dividenden. Es gilt dann: $w_{gt}(\tilde{d}_t, ..., \tilde{d}_T|a) = w_t(\tilde{d}_t, ..., \tilde{d}_T|a)$ für alle g. In einem Kapitalmarktgleichgewicht bei heterogenen Erwartungen der Investoren (vgl. Lintner (1969)) dagegen haben die Investoren unterschiedliche individuelle Informationsstände. Annahmegemäß orientieren sich die Investoren nur an den privat verfügbaren Informationen und ignorieren in ihrem Kalkül die Informationen, die der Marktpreis selbst offenbart. In einem Kapitalmarktgleichgewicht bei rationalen Erwartungen schließlich berücksichtigen die Investoren auch den Marktpreis als Träger von Informationen, welche über die Wertpapiernachfrage anderer Investoren in den Marktpreis einfließen. Diese Unterschiede werden in Abschnitt 2.2 näher erläutert.

2.1.4. Trennung von Eigentum und Management und Erfolgsbeteiligung

An dieser Stelle soll die Entscheidung des Managers genauer betrachtet werden. Die Beziehung zwischen Eigentümern und Agent ist eine Prinzipal-Agenten Beziehung und wird im Rahmen der Agency-Theorie betrachtet.[5]. Sie entsteht zwischen zwei oder mehreren Parteien, wobei die eine Partei (Prinzipal) einer anderen Partei (Agent) die Verantwortung überträgt, in ihrem Namen zu handeln. Bezogen auf die Eigentümer-Manager Beziehung ist der Eigentümer der Prinzipal und der Agent der Manager[6]. Die Aktionäre eines Unternehmens übergeben dem Manager die Geschäftsführung ihres Unternehmens.

Dabei werden folgende Annahmen getroffen: Prinzipale und Agent sind rational und in der Lage, alle Informationen zu verarbeiten. Außerdem sind sie in der Lage,

---

[5]Vgl. z. B. Ross (1973), Jensen/Meckling (1976), Mirrlees (1976) als Ausgangspunkte, einen Überblick über die verschiedenen Strömungen der Agency oder Prinzipal-Agententheorie Theorie geben z. B. Eisenhardt (1989), Baiman (1990) Gillenkirch (1997), S. 15-28, für anschauliche Lösung des Problems siehe z. B. Demski (2008), S. 315-342, für einen Überblick Sappington (1991).

[6]Innerhalb dieser Arbeit ist ein Manager mit dem Vorstandsvorsitzenden, Chief Executive Officer (CEO) oder Geschäftsleiter eines Unternehmens gleichzusetzen.

alle möglichen zukünftigen Entwicklungen zu antizipieren: Beide wissen, welche Alternativen zur Auswahl stehen, aufgrund dieser Informationen sind sie in der Lage, den erwarteten intrinsischen Wert jeder Alternative zu berechnen. Des Weiteren wird die Annahme getroffen, dass beide aufgrund ihrer eigenen Präferenzen und Vorstellungen handeln und damit ihren eigenen Nutzen maximieren. Außerdem erwarten sowohl der Prinzipal als auch der Agent, dass der jeweils andere nur basierend auf seinen eigenen Interessen handele.

Jedoch herrscht in einem Punkt Informationsasymmetrie. Wie bereits oben erwähnt, weiß der Prinzipal nicht, welche Alternative der Agent gewählt hat.

Im Rahmen dieser Arbeit wird weiterhin angenommen, dass der Agent keine Aktien seines Unternehmens am Kapitalmarkt handeln kann. Er hat außer der Wahl einer Alternative aus der Alternativenmenge keine Möglichkeit, die Informationen über die Dividenden, die die Prinzipale erhalten, zu beeinflussen.

Schließlich wird angenommen, dass der Agent sowohl arbeits- als auch risikoavers ist.[7] Diese Annahme impliziert bereits, dass der Agent nicht immer im Sinne des Prinzipals handeln wird, wenn er seinen eigenen Nutzen maximiert („moral hazard" Problem).[8]

Um dieses Agencyproblem zu lösen bzw. zu mindern, muss der Prinzipal dem Agenten einen Anreiz bieten, damit er in seinem Sinne handelt. Die Lösungen dieser Probleme werden als Ansätze optimaler Verträge bzw. „Optimal Contracting Approach" bezeichnet. Es wird angenommen, dass der Prinzipal dem Agenten einen Vertrag anbietet, der unter Berücksichtigung aller genannten Informationen und Annahmen aus Sicht des Prinzipals optimiert wird.

Wenn der Manager im obigen Bezugsrahmen im Sinne seiner Investoren die wertmaximierende Entscheidung treffen soll, sollte er am intrinsischen Wert des Unternehmens beteiligt werden. Wenn die Risikopräferenzen des Agenten keine Rolle spielen, ist davon auszugehen, dass ein rationaler Agent, der seine eigene Entlohnung maximieren will, auch gleichzeitig die Entlohnung des Prinzipals maximiert.

2.1.5. Bausteine des Bezugsrahmens

Der dargestellte Bezugsrahmen basiert auf mehreren Bausteinen, die in den folgenden Abschnitten eingehender diskutiert werden sollen:

- Zunächst ist zu klären, wie die Erwartungen der Marktteilnehmer sich im Aktienkurs des betrachteten Unternehmens widerspiegeln und wie die im Zeitab-

---

[7]Diese Annahme wird generell in Prinzipal-Agenten Modellen getroffen (vgl. z. B. Baiman (1990), S. 342-343).

[8]Vgl. Arrow (1985). Diese Risikoaversion des Agenten schließt eine Verpachtungslösung aus. Dadurch kommt es zu externen Effekten.

lauf zugehenden Informationen (Dividendenausschüttungen) am Markt verarbeitet werden. Hiermit befasst sich Abschnitt 2.2.

- Da der intrinsische Wert des Unternehmens von der Alternativenwahl des Managers abhängt, ist die Vergütung des Managers, sofern sie verhaltenssteuernd wirkt, eine bewertungsrelevante Information für die Investoren. Mit diesem Bestandteil beschäftigt sich Abschnitt 2.3. Darin wird insbesondere ein Überblick über empirische Befunde zum Zusammenhang zwischen Vergütung und Unternehmenswert gegeben.

- Die Vergütung ist eine umso zuverlässigere Information für die Marktteilnehmer, je leichter diese deren Wert und Anreizwirkung beurteilen können. Die Beurteilung wiederum hängt von der Art und dem Ausmaß ab, wie über Vergütung berichtet wird. In Abschnitt 2.3 wird daher auch ein Überblick über die Vergütungspraxis und über die Berichterstattung über Vergütung gegeben.

- Die theoretischen Grundlagen der Managementvergütung werden ebenfalls in Abschnitt 2.3 kurz behandelt.

2.2. Informationsverarbeitung am Kapitalmarkt

Grundsätzlich bilden Modelle, die die Preisbildung an Kapitalmärkten modellieren, Informationen, die den Wert eines Unternehmens beeinflussen, als abstrakten stochastischen Prozess ab. Damit wird das Unternehmen zur sogenannten „black box". Somit wird der obige Bezugsrahmen darauf reduziert, dass aus dem Unternehmen einzig die Informationen über den stochastischen Prozess und die Dividendenzahlungen kommen (Abb. 2.2).

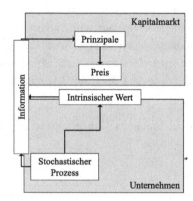

Abbildung 2.2.: Bezugsrahmen reduziert auf den Kapitalmarkt

2.2.1. Informationseffizienz

Ein Markt, in dem Preise jederzeit alle verfügbaren Informationen vollständig im Kurs widerspiegeln, wird informationseffizient genannt.[9] D. h. jede neue Information wird unverzüglich im Kurs widergespiegelt, so als ob die Marktteilnehmer alle zur gleichen Zeit die neue Information erhalten hätten und ihre Nachfrage dementsprechend sofort anpassen.[10]

Fama (1970) unterscheidet zwischen drei Stufen von Informationseffizienz, die dadurch charakterisiert sind, dass die folgenden Informationen im Kurs enthalten sind:

- Schwache Informationseffizienz: Alle Informationen über historische Preise

- Mittelstrenge Informationseffizienz: Alle öffentlich verfügbaren Informationen

---

[9]Vgl. Fama (1970), S. 383.
[10]Vgl. Franke/Hax (2004).

• Strenge Informationseffizienz: Alle verfügbaren Informationen, auch private Informationen

Ist schwache Informationseffizienz erfüllt, kann ein Händler durch die Analyse vergangener Kurse keinen Gewinn erzielen. D. h. im obigen Bezugsrahmen kann ein Marktteilnehmer zum Zeitpunkt t durch Betrachten der Preise vorheriger Handelsrunden keine Information darüber erhalten, ob der heutige Preis p_t steigen oder sinken wird.

Bei Vorliegen von mittelstrenger Informationseffizienz werden eine Dividendenrealisation und die damit verbundenen Informationen über zukünftige Entwicklungen sofort nach Bekanntgabe im Kurs widergespiegelt. Wenn z. B. eine Dividendenrealisation darauf schließen lässt, dass bestimmte Alternativen nicht gewählt worden sein können, werden die Wahrscheinlichkeiten für alle Alternativen und der erwartete Endwert dementsprechend angepasst.

Schließlich wird beim Vorliegen von strenger Informationseffizienz die tatsächliche Wahl des Managers in den Preisen widergespiegelt.

Unter diesen Voraussetzungen sollte der Preis einer Aktie immer dem erwarteten intrinsischen Wert entsprechen: Vor der ersten Runde entspricht dieser der Summe der erwarteten Dividenden. Nach der ersten Runde setzt sich der intrinsische Wert aus den bis zu diesem Zeitpunkt bereits realisierten Dividenden und den übrigen erwarteten Dividenden zusammen.

Wenn also Märkte informationseffizient sind, dann kann der zukünftige Preis einer Aktie nicht vorhergesagt werden. Damit folgen Aktienkurse Zufallspfaden.[11]

2.2.2. Erwartungen und Handelsaktivitäten

Im vorherigen Abschnitt wurden die verschiedenen Stufen der Informationseffizienz dargestellt, ohne Annahmen über die Verteilung der Informationen unter den Marktteilnehmern aufzustellen. Laut Fama ist es hinreichend, wenn einige Marktteilnehmer die Informationen über den Preis besitzen, da informierte Teilnehmer Aktien verkaufen, wenn der Preis zu hoch ist, und Aktien kaufen, wenn der Preis zu niedrig ist. Hierdurch stellt sich der Preis ein, der die verfügbaren Informationen widerspiegelt.[12]

Dies wird bereits von Hayek (1945) beschrieben, der Preissysteme als Mittel zur Vermittlung von Informationen charakterisiert:

---

[11]Vgl. Samuelson (1965).

[12]Wenn die Gewinne aus diesem Handel risikolos sind, spricht man von einem Arbitragegewinn. Diese Möglichkeit gibt es jedoch in dem obigen Bezugsrahmen nicht, da Händler nur auf einem Markt handeln können und keine Möglichkeit haben, eine unterbewertete Aktie auf einem anderen Markt zu einem höheren Preis zu verkaufen.

„We must look at the price system as such a mechanism for communicating information if we want to understand its real function [...] The most significant fact about this system is the economy of knowledge with which it operates, or how little the individual participants need to know in order to be able to take the right action. In abbreviated form, by a kind of symbol, only the most essential information is passed on [...]" (Hayek (1945), S. 526-527).

Festzuhalten bleibt, dass eine hinreichende Anzahl von Marktteilnehmern, die die zur Verfügung stehenden Informationen rational verarbeiten, dazu führen sollte, dass der Marktpreis alle verfügbaren Informationen widerspiegelt.

2.2.2.1. Rationalität als Allgemeinwissen und „No-Trade" Theorem

Bei Risikoaversion aller Marktteilnehmer haben diese ein Interesse daran, Risiken über den Kapitalmarkt durch den Handel von Aktien zu teilen. Ist die Risikotei- lung in der Ausgangssituation vor jedem Handel nicht pareto-effizient, so werden die Teilnehmer daher Aktien kaufen und verkaufen, um ihre Positionen gemäß ihren subjektiven, unterschiedlichen Erwartungen und Risikopräferenzen anzupas- sen. Unter bestimmten Bedingungen[13] wird sich nach dem ersten Handel eine pareto-effiziente Risikoteilung unter den Marktteilnehmern einstellen. Im Folgen- den wird davon ausgegangen, dass diese Situation der pareto-effizienten Risikotei- lung nach dem ersten Handel entsteht. Zusätzlich wird angenommen, dass alle Marktteilnehmer rationale Erwartungen haben und wissen, dass auch alle anderen Marktteilnehmer rationale Erwartungen haben und wissen, dass auch alle anderen Marktteilnehmer wissen, dass alle Marktteilnehmer rationale Erwartungen haben. Rationalität ist damit Allgemeinwissen oder „common knowledge".

Das Marktgleichgewicht, das nach der ersten Handelsrunde entsteht, hat unter diesen Annahmen die Eigenschaft „fully revealing", d. h. vollständig offenlegend zu sein.[14]

Im Folgenden gehen den Marktteilnehmern annahmegemäß öffentliche Informa- tionen über die Dividendenausschüttungen zu. Unter den getroffenen Annahmen resultiert dieser Informationszugang jeweils immer nur in einer Kursreaktion, ohne dass es zum Handel unter den Marktteilnehmern kommt. Dieses Resultat ist als „No-Trade" Theorem bekannt geworden (vgl. Milgrom/Stokey (1982), Theorem 1).

---

[13]Solche Bedingungen sind z. B. im vollkommenen und vollständigen Kapitalmarkt erfüllt. In der experimentellen Studie dieser Arbeit werden die Teilnehmer nur ein Wertpapier handeln. Dann ist die Frage der Bedingungen, unter denen sich nach erstem Handel eine pareto-effiziente Risikoeinteilung einstellt, gleichbedeutend mit der Frage, ob im Capital Asset Pricing Model (CAPM) das Risiko pareto-effizient geteilt wird, da die Anleger im CAPM-Gleichgewicht ebenfalls ein riskantes „Wertpapier" (nämlich das Marktportfolio) und ein risikoloses Wertpapier handeln (Portfolio Separations Theorem). Vgl. Ingersoll (1987), S. 140-165.

[14]Vgl. Grossman (1976), Grossman/Stiglitz (1980), Milgrom/Stokey (1982).

Zudem wird der Kurs jede über eine Dividendenrealisation an den Markt gelangende Information vollständig und korrekt offenlegen (Milgrom/Stokey (1982), Theorem 2).

Unter den bisher getroffenen Annahmen wäre also zu erwarten, dass in dem gewählten Bezugsrahmen nur ein einziges Mal, nämlich in $t = 0$, Handel stattfindet. Im Folgenden werden daher die getroffenen Annahmen modifiziert, um realistischere Vorhersagen über den Handel in späteren Runden leisten zu können.

2.2.2.2. Rationalität und spekulativer Handel

Die einfachste Veränderung der Annahmen über die Erwartungen der Kapitalmarktteilnehmer besteht darin, dass rationale Erwartungen nicht mehr „common knowledge" sind. Die Kapitalmarktteilnehmer haben zwar selbst rationale Erwartungen, gehen jedoch nicht davon aus, dass auch alle anderen rationale Erwartungen haben. Stattdessen bilden die Marktteilnehmer Erwartungen darüber, was andere Marktteilnehmer „glauben". Dies führt dazu, dass sich Marktteilnehmer für „schlauer" als andere Leute halten.[15] Neeman (1996) formuliert dies wie folgt: „We do not mean to imply that traders actually act suboptimal, only that they believe that others may do so." (S. 79). Es reicht aus „...that some traders suspect that others may suspect that others may suspect..." (S. 79), dass ein oder mehrere Marktteilnehmer irrational handeln.

Neeman (1996) entwickelt ein Modell, in dem Rationalität kein „common knowledge" ist und in dem es nicht zum „No-Trade" Ergebnis kommt. Übertragen auf den Bezugsrahmen dieser Arbeit impliziert dies, dass Handel auch in späteren Perioden und nach $t = 0$ stattfinden wird. Dabei bezieht sich die Aufhebung der „common knowledge"-Annahme insbesondere auf die Erwartungen der Kapitalmarktteilnehmer bezüglich der Alternativenwahl des Managers.

Geht ein Marktteilnehmer davon aus, dass der Manager rational im Sinne der Agency-Theorie handelt, ist er daher bei Kenntnis der bestehenden Anreizsysteme in der Lage, die Auswahl des Managers eindeutig vorherzusagen. Die Situation des „No-Trade" Ergebnisses lässt sich wie folgt kennzeichnen: Jeder Kapitalmarktteilnehmer geht davon aus, dass der Manager rational im Sinne der Agency-Theorie ist, hat selbst rationale Erwartungen, erwartet, dass andere Marktteilnehmer rational sind, und geht davon aus, dass auch alle anderen Marktteilnehmer erwarten, dass der Manager rational im Sinne der Agency-Theory ist, usw.

Sind rationale Erwartungen kein „common knowledge", so bedeutet dies hier insbesondere, dass ein Marktteilnehmer davon ausgeht, dass andere Marktteilnehmer - anders als er selbst - nicht sicher sind, wie der Manager gewählt hat.

---

[15]Vgl. Neeman (1996), S. 78.

2.2.2.3. Heterogene Erwartungen und Noise

Ein weiterer Schritt besteht darin, von der Rationalitätsannahme auf der Ebene des einzelnen Kapitalmarktteilnehmers abzurücken. Konkret muss man in dem hier gewählten Bezugsrahmen insbesondere davon ausgehen, dass Marktteilnehmer bezüglich der Alternativenwahl des Managers keine sicheren Erwartungen haben, da sie davon ausgehen, dass der Manager mit einer bestimmten (wenn auch geringen) Wahrscheinlichkeit nicht individuell rational handelt. Dies führt zu unterschiedlichen a priori Erwartungen der Marktteilnehmer und damit auch dazu, dass Marktteilnehmer unterschiedlicher Meinung sind, wie Informationen hinsichtlich des erwarteten intrinsischen Aktienwertes interpretiert werden müssen.

Harris/Raviv (1993) bezeichnen dies als „differences of opinion". Die Marktakteure haben heterogene Erwartungen bezüglich des intrinsischen Wertes der Aktie und haben somit aus ihrer Sicht „rationale" Gründe zu handeln, wenn der derzeitige Preis ihre Erwartungen nicht hinreichend widerspiegelt.

Harris/Raviv (1993) nehmen an, dass die Marktteilnehmer zwar darin übereinstimmen, ob eine Information positiv oder negativ gewertet werden sollte, jedoch unterschiedlicher Meinung sind, in welchem Umfang sich dies auf den Preis auswirken sollte.[16] Entsprechend kommt es zum Handel, wenn Informationen dem Markt zugehen.

Die bisherigen Überlegungen zielen darauf ab zu zeigen, unter welchen Bedingungen auch nach dem Zeitpunkt $t = 0$ Handel stattfindet. Die Annahmen haben aber nicht nur einen Einfluss auf die Handelsaktivitäten, sondern auch auf den Gleichgewichtskurs.

Varian (1989) geht ebenfalls davon aus, dass die Marktteilnehmer die gleichen Informationen hinsichtlich der Auswirkung auf die künftigen Rückflüsse eines Unternehmens unterschiedlich interpretieren und untersucht die Auswirkungen auf den Preis des gehandelten Wertpapiers.[17] Ob sich eine neue Information „richtig" im Kurs widerspiegeln werde, hänge davon ab, wie glaubhaft ein Marktteilnehmer den anderen Marktteilnehmern machen könne, dass seine Interpretation der Information richtig sei. Varian (1989) zeigt, dass die Streuung der Meinungen im Hinblick auf die Bewertung einer Information („dispersion of beliefs/opinion") den Preis im Marktgleichgewicht negativ beeinflusst. Mehr Heterogenität in den Erwartungen führt zu also einem niedrigeren Preis.[18]

---

[16]Vgl. Harris/Raviv (1993), S. 474.
[17]Vgl. Varian (1989), S. 6.
[18]Vgl. Varian (1989).

In dem vorliegenden Bezugsrahmen hat dies eine wichtige Implikation: Haben die Kapitalmarktteilnehmer heterogene Erwartungen, so sinkt mit zunehmender Heterogenität dieser Erwartungen der Kurs der gehandelten Aktie.

Die extremste Form der Abweichung von den Rationalitätsannahmen, die dem „No-Trade" Theorem zugrunde liegt, besteht in der Einführung von sogenannten Noise-Tradern am Kapitalmarkt.[19] Als Noise-Trader werden Kapitalmarktteilnehmer bezeichnet, die Wertpapiere aus Gründen handeln, die sich anderen Marktteilnehmern nicht rational erschließen. Zudem können Kapitalmarktteilnehmer nicht unterscheiden, ob Handelsaktivitäten rational sind oder auf Noise-Trading zurückgehen. Die Existenz von Noise-Tradern verhindert grundsätzlich die vollständige Offenlegung von Informationen am Kapitalmarkt.

Entsprechend kommt es bei der Existenz von Noise-Tradern im Bezugsrahmen wiederum zum Handel, auch in späteren Perioden. Dafür genügt es anzunehmen, dass wenige Kapitalmarktteilnehmer irrationale Erwartungen bilden und so zu Noise-Tradern werden. Alle anderen Marktteilnehmer können als vollständig rational abgebildet werden.

Noise-Trading hat nicht nur Einfluss auf die Handelsaktivitäten, sondern auch auf den Gleichgewichtspreis. In einem typischen sogenannten „Noisy Expectations Equilibrium"[20] gilt, dass der Preis um so geringer ist, je mehr Noise-Trading erwartet wird.[21]

2.3. Vergütung als bewertungsrelevante Information

In diesem Abschnitt soll zunächst ein kurzer Überblick über die Vergütungspraxis gegeben werden. Im Anschluss werden empirische Studien vorgestellt, die den Zusammenhang von Vergütung und Unternehmenswert untersuchen.

2.3.1. Vergütungspraxis: Ein kurzer Überblick

In diesem Abschnitt soll die Praxis der Vergütung betrachtet werden. In der Realität kann der Manager nicht wie im Abschnitt 2.1.4 am intrinsischen Endwert einer Aktie beteiligt werden, da immer vom Fortbestand des Unternehmens ausgegangen wird und es demnach weiterhin unsichere Rückflüsse gibt. Zudem liegt normalerweise eine mehrperiodige Beziehung vor. Während dieser Zeit muss der Manager eine Vielzahl von Entscheidungen treffen und ist nach Vertragsabschluss im Regelfall besser informiert als Aktionäre, die Aktien in Streubesitz halten.

---

[19]Vgl. z. B. Kyle (1985).
[20]Vgl. Hellwig (1980), Admati (1985), Grossman/Stiglitz (1980).
[21]Vgl. Gillenkirch (2008) S. 201-226 mit weiteren Nachweisen.

Zunächst wird auf die erfolgsorientierten Bestandteile der Vergütung eingegangen. Daraufhin wird ein Überblick über die Entwicklung der Vergütung und über die aktuelle Praxis der Vergütung in den DAX 30 Unternehmen[22] im Jahr 2009 gegeben. Anhand der Allianz AG wird ein konkretes Beispiel für eine aktuelle deutsche Vorstandsvergütung aufgezeigt.

2.3.1.1. Vergütungsbestandteile

Ein Vergütungspaket besteht aus fixen und variablen Bestandteilen, die abhängig vom Erfolg des Unternehmens sind, und weiteren geldwerten Vorteilen, wie z. B. zusätzliche Leistungen und Pensionszusagen. Letztere sollen im Rahmen dieser Arbeit nicht betrachtet werden.

Der fixe Bestandteil einer Vergütung ist das Grundgehalt, welches unabhängig vom Erfolg des Unternehmens in vereinbarter Höhe gezahlt wird. Bei den variablen Bestandteilen lassen sich kurzfristige und langfristige Komponenten unterscheiden. Die kurzfristigen Elemente basieren zumeist auf den Rechnungslegungsdaten eines Jahres, während die langfristigen Elemente aktienkursbasiert sein können, aber auch von längerfristigen rechnungslegungsbasierten Größen abhängen mögen.[23]

Im Folgenden werden nun die variablen und damit erfolgsorientierten Vergütungsbestandteile näher betrachtet.

2.3.1.1.1. Rechnungslegungsbasierte Bonuspläne

Zuerst werden kurzfristige bzw. jährliche, auf Kennzahlen der Rechnungslegung basierende, Vergütungsbestandteile betrachtet. Innerhalb dieses Bereiches gibt es eine Vielzahl unterschiedlicher Pläne. Ein jährlicher Bonusplan kann durch das Erfolgs- oder Performancemaß, durch den Erfolgsstandard, an dem der Erfolg gemessen wird, und durch das Verhältnis von Bonus zu Erfolg (Pay to Performance) charakterisiert werden.[24]

Erfolgsmaße können z. B. gewinn-, umsatz- oder kostenbasiert[25], aber auch nicht finanziell sein (wie z. B. Kundenzufriedenheit). Als Erfolgsstandard dient z. B. der Vorjahreserfolg, der Erfolg von vergleichbaren Unternehmen (Peer Group), Budgetvorgaben oder auch diskretionäre Maße, die z. B. aufgrund von Vorjahresbilanzdaten und/oder Plandaten festgelegt werden können.[26]

---

[22]Der Deutsche Aktienindex (DAX) 30 beinhaltet die 30 größten börsennotierten Unternehmen Deutschlands.
[23]Vgl z. B. Murphy (1999), Gillenkirch (2008), Frydman/Saks (2010).
[24]Vgl. z. B. Murphy (1999).
[25]Für einen Überblick über Kennzahlen als Erfolgsmaße vgl. Ewert/Wagenhofer (2000).
[26]Vgl. z.B. Murphy (1999).

Auch das Verhältnis von Bonus zu Erfolg ist durch eine Vielzahl von Ausgestaltungsmöglichkeiten gekennzeichnet. Abbildung 2.3 gibt eine schematische Übersicht über einen „80/120"-Bonusplan (ein weit verbreiteter traditioneller Bonusplan).[27] Bei diesem Plan erhält ein Manager erst einen Bonus, wenn 80 % („Threshold performance") des Erfolgsstandards erfüllt werden. Wenn genau der Erfolgsstandard erfüllt wird, wird der Zielbonus („Target Bonus") ausgezahlt. Außerdem erhält ein Manager keinen zusätzlichen Bonus mehr, wenn der Performancestandard zu über 120 % („Cap") erfüllt wird, dabei können Cap und Threshold auch mit anderen Prozentzahlen festgelegt werden. Der Bereich in dem ein Bonus gezahlt wird, wird Anreizbereich („Incentive Zone") genannt.[28]

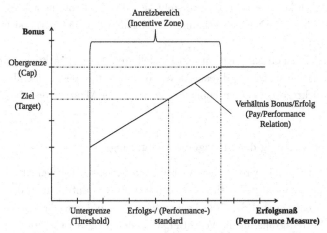

Abbildung 2.3.: Bestandteile eines „80/120" Bonus Plans[28]

Außerdem können z. B. Bonuspools festgelegt werden, die in Abhängigkeit des Erfolgs gebildet und zwischen mehreren Managern aufgeteilt werden. Zudem kann im Anreizbereich das Verhältnis von Bonus und Performance linear, konvex, konkav und/oder auch diskretionär sein.[29]

---

[27]Vgl. z. B. Murphy (1999).
[28]Vgl. Murphy (1999), S. 2498-2500.
[28]In Anlehnung an Murphy (1999), S. 2499.
[29]Vgl. Murphy (1999), S. 2499-2507.

2.3.1.1.2. Aktienbasierte Pläne

Im Folgenden werden Aktienoptionen und Aktien als mögliche Vergütungsinstrumente vorgestellt.

Eine **Aktienoption** beinhaltet das Recht, eine Aktie zu einem bestimmten Zeitpunkt (europäische Aktienoption) oder innerhalb eines Zeitfensters (amerikanische Aktienoption) zu einem festgelegten Preis zu kaufen. Aktienoptionen können im Gegensatz zu Aktien nicht an Dritte verkauft werden und verfallen, wenn der Manager das Unternehmen verlässt.[30] Auch hier gibt es wieder eine Vielzahl von Gestaltungsmöglichkeiten. Der Ausübungspreis entspricht zwar zumeist dem fairen Marktwert, dieser kann jedoch auch größer oder kleiner als der Marktwert sein, aber auch im Zeitablauf variieren. Des Weiteren kann die Laufzeit der Optionen unterschiedlich lang sein. Schließlich stellt sich die Frage, ob die ausgeschütteten Dividenden bei der (Neu-)Berechnung des Ausübungspreises berücksichtigt werden.[31]

Aktien werden oft als eingeschränkt handelbare Belegschaftsaktien („Restricted Stock") ausgegeben. Dies sind reale Aktien, die aber unter bestimmten Umständen wieder zurückgezogen werden können, z. B. wenn der Manager das Unternehmen vorzeitig verlässt.

2.3.1.2. Entwicklung der Managementvergütung

Die Vergütungspraxis wird in einer Vielzahl von wissenschaftlichen Artikeln diskutiert.[32] Dabei konzentrieren sich viele Studien auf die Entwicklung der Managementvergütung in den USA. Dies liegt unter anderem daran, dass die Vergütung dort eine Vorreiterrolle für die Vergütung in anderen Ländern hat.

Abbildung 2.4 zeigt die Entwicklung der Vergütung der Vorstände der 500 größten US-Unternehmen[33] in den letzten 20 Jahren. Diese Studie wird regelmäßig von Forbes durchgeführt. Die Werte sind auf 2010 inflationsbereinigt.[34]

In der Abbildung wird das Grundgehalt zuzüglich Bonus, weitere Entlohnungen (Aktienoptionen, längerfristige Vergütung, andere Formen von Entlohnungen) und der Gewinn (Realisierter Kursgewinn), der durch das Ausüben von Aktienoptionen erreicht wurde, dargestellt.

---

[30]Vgl. z. B. Hall (2000), Kramarsch (2004), Gillenkirch (2008).
[31]Vgl. Murphy (1999), S. 2507-2510, für einen weitergehenden Überblick vgl. Hall (2000).
[32]Vgl. z. B. Murphy (1999), Gillenkirch (2008), Frydman/Saks (2010).
[33]Bis 1999 waren die 800 größten US-Unternehmen enthalten.
[34]Vgl. Forbes (2010).

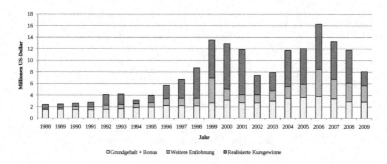

Abbildung 2.4.: Entwicklung der Vorstandsvorsitzendenvergütung in den USA[34]

Im Durchschnitt hat ein CEO in den USA im Jahr 2009 insgesamt 8,05 Millionen US-Dollar verdient, davon sind 2,86 Millionen Grundgehalt und Bonus (ca. 35 %), 2,79 Millionen weitere Formen der Entlohnung (ca. 35 %) und 2,4 Millionen werden durch die Ausübung von Aktienoptionen (ca. 30 %) realisiert.

Deutsche Manager der DAX 30 Unternehmen[35] haben im Jahr 2009 im Durchschnitt 4,12 Millionen Euro[36] verdient, darin sind allerdings nicht die Gewinne durch Ausübung von Aktienoptionen enthalten. Die Summe aus Grundgehalt plus Bonus beträgt im Durchschnitt 3,17 Millionen Euro, 0,9 Millionen Euro aufgrund längerfristiger Vergütungspläne (darin sind Aktienoptionspläne enthalten) und 0,06 Millionen Euro Nebenleistungen.

Frydman/Saks (2010) betrachten in ihrer Studie die Entwicklung der Managementvergütung von 1930 - 2005, dabei untersuchen sie in den USA börsennotierte Unternehmen, die zu den Zeitpunkten 1940, 1960 und 1990 jeweils zu den 50 größten Unternehmen gehörten. Abbildung 2.5 zeigt einen Überblick über den Median der Vergütung im Zeitablauf von 1936 - 2005. Dabei repräsentiert die unterste Linie das Grundgehalt plus jedwedem Bonus, der im gleichen Jahr - meist bar - gezahlt wurde. Die mittlere Linie enthält zusätzlich längerfristige Anreizpläne. Für die schwarze durchgehende (oberste) Linie wird noch der Black-Scholes Wert[37] der Aktienoptionen hinzugefügt.

---

[34]Die Daten sind Forbes (2010) entnommen, die Graphik weicht in ihrer Beschriftung von der Originalgraphik ab, da diese offensichtlich fehlerhaft ist.

[35]Die folgenden Werte beziehen sich auf 28 Unternehmen der DAX 30 Unternehmen. Erläuterungen siehe in Abschnitt 2.3.1.3.

[36]Das entspricht 5,15-6,18 Millionen US-Dollar umgerechnet mit dem niedrigsten und höchsten Kurs des Jahres 2009.

[37]Vgl. Black/Scholes (1973) zur Berechnung des Black-Scholes Wertes.

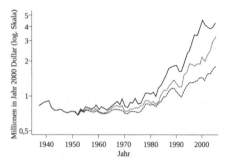

Abbildung 2.5.: Median der gesamten Entlohnung und ihrer Bestandteile in den USA, 1936-2005[37], Erklärungen im Text

Die Abbildung 2.5 zeigt, dass die Vergütung bis Anfang der 40er Jahre gestiegen und dann bis Mitte der 50er Jahre gesunken ist. Danach ist die Vergütung in der Tendenz steigend.[38] Die Vergütung hat im Median um das 5-fache zugenommen, im Mittelwert sogar um das 8-fache.[39] Längerfristige Boni sind im Laufe der Zeit gestiegen und machen bereits 2005 mehr als 35 % der Entlohnung aus. Vor 1960 war der Anteil von Aktienoptionen vernachlässigbar, die Bedeutung hat jedoch seit den 1960er Jahren zugenommen. So ist der Anteil der Manager, die Aktienoptionen halten, seit den 1960er Jahren von 60 % auf 90 % gestiegen.[40] Jedoch ist parallel dazu der Anteil der Aktien, die von Managern gehalten werden, gesunken.[41]

Im internationalen Vergleich liegt das Niveau der Vergütung der US-amerikanischen Manager in den 1990er Jahren über den Niveaus aller anderen in der Studie betrachteten Länder. Deutschland liegt dabei eher im Mittelfeld.[42]

Einen Überblick über die Entwicklung der Managementvergütung in Deutschland gibt Gillenkirch (2008). Bis 1997 habe es noch keine aktienkursorientierte Vergütungen gegeben. Dies habe sich aber in den folgenden 5 Jahren geändert, und Aktienoptionen gewannen zunehmend als Bestandteil der Vergütung an Bedeutung. Ab 2002 identifiziert Gillenkirch (2008) drei Entwicklungsrichtungen, die erste Richtung ist eine Entwicklung zurück zu rechnungslegungsbasierten Kenn-

---

[37]Aus Frydman/Saks (2010), S. 2107 entnommen und mit deutscher Beschriftung versehen. Die Werte sind auf das Jahr 2000 inflationsbereinigt.
[38]Frydman/Saks (2010), S. 2106.
[39]Vgl. Frydman/Saks (2010), S. 2128.
[40]Frydman/Saks (2010), S. 2120.
[41]Frydman/Saks (2010), S. 2121.
[42]Vgl. Murphy (1999), S. 2495-2497.

zahlen, die zweite geht von Aktienoptionen zu Aktien, während die dritte die Verbesserung von Aktienoptionsplänen anstrebt.[43]
Hinsichtlich der Entwicklung der Vergütung ist eine zentrale Frage, ob diese vom Erfolg der Unternehmens abhängt. Daher untersuchen Studien, inwiefern die Vergütung durch den Unternehmenserfolg (Steigerung des Marktwertes des Eigenkapitals oder Aktionärsvermögen) erklärt werden kann. Dabei werden sowohl fixe als auch variable Vergütungsbestandteile berücksichtigt, da das Fixgehalt implizit von der Entwicklung des Unternehmenswerts abhängt und ebenfalls steigen kann, wenn das Unternehmen erfolgreich ist.[44]

2.3.1.3. Praxis der Vorstandsvorsitzendenvergütung in den Dax 30 Unternehmen 2009

Um einen Überblick über die aktuelle Lage der Vergütung von Top-Managern deutscher börsennotierter Unternehmen zu erhalten, werden die Vergütungsberichte der DAX 30 Unternehmen aus den Geschäftsberichten des Jahres 2009 betrachtet. Die Vorstandsvergütung wird aus der Tabelle Vorstandsvergütung/Gesamtbezüge[45] entnommen, wenn diese vorhanden ist.[46] Im Durchschnitt bzw. Median verdienen die Vorstandsvorsitzenden der 28 verbleibenden Unternehmen 4,12 bzw. 3,42 Millionen, 4,06 bzw. 3,33 Millionen Euro ohne Nebenleistungen. Die Vergütung ohne Nebenleistungen besteht zu ca. 40 % aus fixer und zu 60 % aus erfolgsorientierter Vergütung. Die nachfolgende Tabelle 2.1 gibt einen Überblick über die Vergütung. Sie zeigt den Namen des Unternehmens (Firma), den Name des Vorstandsvorsitzenden (Name), die Bestandteile des Gehalts getrennt in Grundvergütung (Fix), Nebenleistungen (NL), kurzfristige rechnungslegungsbasierte Entlohnung (Kurzf.) und die langfristigen aktienbasierten Bestandteile (Langf.). Schließlich wird die Summe gebildet, einmal mit Nebenleistungen (Gesamt) und einmal ohne Nebenleistungen (ohne NL). Im Verhältnis zur Gehaltssumme ohne Nebenleistung wird dann der Anteil der fixen Entlohnung bzw. der variablen Entlohnung berechnet. Schließlich wird noch der Anteil der kurzfristigen bzw. langfristigen Vergütung an der variablen Vergütung vorgestellt. Wie die Übersicht zeigt, hat sich an der Komplexität der Vergütung und der Heterogenität der einzelnen Pakete wenig geändert. In Abschnitt 2.3.1.4 wird dann die Vorstandsvergütung der Allianz AG als Beispiel genauer betrachtet.

---

[43]Vgl. Gillenkirch (2008).

[44]Vgl. Murphy (1999), S. 2522.

[45]Es werden im Rahmen der aktienorientierten Vergütung die gewährten Aktienoptionen berücksichtigt. Die ausgeübte aktienbasierte Vergütung wird nicht betrachtet.

[46]Für die HeidelbergCement AG und Merck KGaA gab es nur Angaben zur Vorstandsgesamtvergütung.

Tabelle 2.1.: Übersicht Vergütung Vorstandsvorsitzende DAX 30 im Jahr 2009

Nr.	Firma	Name	Fix	NL	Kurzf.	Langf.	Gesamt	ohne NL	Fix	Vari.	Kurzf.	Langf.
			Absolute Werte in Tsd.				Summe		Relative Werte in Prozent			
1	Adidas	Hainer	1250	27	2338	1400	4988	4961	25,20%	75,35%	62,55%	37,45%
2	Allianz	Diekmann	1200	28	2109	1255	4592	4564	26,29%	73,71%	62,69%	37,31%
3	BASF	Hambrecht	1100	105	1525	647	3272	3167	34,73%	68,58%	70,21%	29,79%
4	Bayer	Wennig	1165	36	2158	208	3531	3495	33,33%	67,70%	91,21%	8,79%
5	Beiersdorf	Quaas	435		854		1289	1289	33,75%	66,25%	100,00%	-
6	BMW	Reithofer	840	16	1725		2581	2565	32,75%	67,25%	100,00%	-
7	Commerzbank	Blessing	500	72			572	500	100,00%	-	-	-
8	Daimler	Zetsche	1530		689	2164	4383	4383	34,91%	65,09%	24,15%	75,85%
9	Deutsche Bank	Ackermann	1150	154	3500	4748	9552	9398	12,24%	87,76%	42,43%	57,57%
10	Deutsche Börse	Francioni	1000	15	1000	456	2471	2456	40,72%	59,28%	68,68%	31,32%
11	Deutsche Telekom	Obermann	1250	37	1365	77	2729	2692	46,43%	53,57%	94,66%	5,34%
12	DHL	Appel	1582	28	1376	1450	4436	4408	35,89%	64,11%	48,69%	51,31%
13	EON	Bernotat	1240	46	2130	1049	4465	4419	28,06%	71,94%	67,00%	33,00%
14	Fresenius	Schneider	800	56	1032	425	2313	2257	35,45%	64,55%	70,83%	29,17%
15	Fresenius Medical	Lipps	860	251	1200	1102	3413	3162	27,20%	72,80%	52,13%	47,87%
16	Henkel	Rorsted	963	26	1658	190	2837	2811	34,26%	65,74%	89,72%	10,28%
17	Infineon	Bauer	1120	35			1155	1120	100,00%	-	-	-
18	k+s	Steiner	590	24	528	959	2101	2077	28,41%	71,59%	35,49%	64,51%
19	Linde	Reitzle	1960	39	2721	1500	6220	6181	31,71%	68,29%	64,46%	35,54%
20	Lufthansa	Mayrhuber	805		130	1647[a]	2582	2582	31,18%	68,82%	7,32%	92,68%
21	MAN	Reyhofen	548			257	805	805	68,07%	31,93%	-	100,00%
22	Metro	Cordes	1000	177	1962	701	3840	3663	27,30%	72,70%	73,68%	26,32%
23	Munich Re	Bomhard	910	36	1240	1234	3420	3384	26,89%	73,11%	50,12%	49,88%
24	RWE	Großmann	4700	24	4431		9148	9124	51,51%	48,56%	100,00%	0,00%
25	SAP	Apotheker	7500	137	4862	950	13449	13312	56,34%	43,66%	83,65%	16,35%
26	Siemens	Löscher	1980	86	2552	2500	7118	7032	28,16%	71,84%	50,51%	49,49%
27	ThyssenKrupp	Schulz	966	120		207	1293	1173	82,35%	17,65%	-	100,00%
28	Volkswagen	Winterkorn	1700		4900		6600	6600	25,76%	74,24%	100,00%	-
29	Heidelberg Zement	Vorstand ges.[b]	3900		11700		15600	15600	25,00%	75,00%	100,00%	-
30	Merck	Vorstand ges.[b]	3500		4000		7500	7500	46,67%	53,33%	100,00%	-

[a] Wert der ausgeübten Aktienoptionen, da der Wert der gewährten Optionen nicht verfügbar ist.
[b] Für diese beiden Unternehmen ist nur die gesamte Vorstandsvergütung verfügbar.

2.3.1.4. Beispiel Allianz AG

Die Vergütung des Vorstandes der Allianz AG[47] hat fixe und erfolgsorientierte Bestandteile. Des Weiteren gibt es eine betriebliche Altervorsorge bzw. vergleichbare Leistungen und sonstige Nebenleistungen. Als Zielvergütungsstruktur ist ein Verhältnis von 25 % fixer und 75 % erfolgsabhängiger Vergütung angestrebt.

Betrachtet wird nun exemplarisch die konkrete Vergütung des Vorstandsvorsitzenden Michael Diekmann. Er erhält im Jahr 2009 ein Grundgehalt von 1.200 Tsd. Euro, Nebenleistungen in Höhe von 28 Tsd. Euro, einen jährlichen Bonus von 2.081 Tsd. Euro (circa 170 % des Grundgehaltes) und einen Drei-Jahres-Bonus in Höhe von 257 Tsd. Euro (circa 21 % des Grundgehaltes). Zudem wird ein rechnerischer Wert der gewährten virtuellen Aktienoptionen (505 Tsd. Euro) und virtuellen Aktien (750 Tsd. Euro) ausgewiesen. Somit besteht sein Gehalt aus 25 % fixer (ohne Nebenleistungen) Vergütung, zu 43 % aus dem jährlichen Bonus, 5 % aus dem Drei-Jahres-Bonus[48] und zu 26 % aus Aktienoptionen.[49]

Die erfolgsbezogene Vergütung soll nun genauer betrachtet werden. Hier gibt es einen jährlichen und einen Drei-Jahre-Bonus. Der jährliche Bonus ähnelt einem 80/120 Bonus Plan. Es werden jährliche Finanzziele, die nicht genauer spezifiziert werden, und ein Zielbonus für deren Erreichen festgelegt. Dieser beträgt im Jahr 2009 150 % der Grundvergütung. Dem Bericht ist zu entnehmen, dass eine Obergrenze (Cap) von maximal 165 % des Zielbonus festgelegt ist, es gibt jedoch keine Information darüber, ob ebenfalls eine Untergrenze (Threshold) für die Auszahlung eines Bonus feststeht.

Der Drei-Jahre Bonus ist ähnlich wie die erfolgsbezogene Vergütung gestaltet. Allerdings wird hier ein Drei-Jahres-Zeitraum betrachtet. Neben den Finanzzielen werden nun auch strategische Ziele berücksichtigt. Außerdem hängt der Bonus vom Economic Value Added (EVA), dem Gewinn nach Kapitalkosten, ab. Der Bonus ist auch wieder nach oben begrenzt, nun auf 140 % des Zielbonus. Der Zielbonus wiederum beträgt ungefähr 128 % der Grundvergütung.

Die aktienbasierte Vergütung besteht aus virtuellen Aktienoptionen und virtuellen Aktien. Maximal kann eine aktienbezogene Vergütung in der Höhe der Summe der Grundvergütung plus dem jährlichen Zielbonus gewährt werden. Dabei beträgt die Sperrfrist vier Jahre. Danach können virtuelle Aktienoptionen im Zeitraum von drei Jahren ausgeübt werden. Aktienoptionen können ausgeübt werden, wenn der Kurs der Aktie mindestens 20 % über dem Ausgabekurs der Aktie liegt und die Ak-

---

[47]Vgl. Geschäftsbericht der Allianz AG, S. 18-26

[48]Es werden nur die 257 Tsd. aus dem Drei-Jahres-Bonus von 2009 berücksichtigt.

[49]Zudem gibt es noch Informationen über die Anzahl der im aktuellen Jahr zugeteilten und über die Summe der gehaltenen virtuellen Aktienoptionen und virtuellen Aktien, dabei wird auch die Bandbreite des Ausübungspreises für Aktienoptionen genannt.

tie während der Laufzeit mindestens an 5 aufeinander folgenden Tagen den Dow Jones EURO STOXX Price Index (600)[50] übertroffen hat. Der Wertzuwachs ist jedoch auf 150 % des Ausgabepreises beschränkt.

Abhängig vom Grundgehalt werden Pensionszusagen gewährt, dabei gibt es eine beitragsorientiertes System, in das je nach Dienstdauer 30 - 45 % der Grundvergütung eingezahlt werden. Sonstige Leistungen umfassen hauptsächlich Versicherungen und Dienstwagen.

Ab dem Jahr 2010 ist eine jährliche Zielvergütung zu gleichen Teilen aus fixer Vergütung (bis 2009 25 %), jährlichem Bonus (bis 2009 37 %), Drei-Jahre-Bonus (bis 2009 11 %) und aktienbezogener Vergütung (bis 2009 27 %) vorgesehen.

2.3.1.5. Zwischenfazit

Die vorangehenden Abschnitte haben gezeigt, dass die Vergütung von Managern heterogen ist. Außerdem wurde insbesondere am Beispiel der Vergütung des Vorstandes der Allianz AG gezeigt, dass Vergütungspakete komplex sind. Einzelne Anleger können daher nur mit enormen Aufwand abschätzen, welche Verhaltenswirkungen von den Vergütungspaketen ausgehen.

Ungeachtet dieser Situation stellt sich gleichwohl die Frage, ob ein Kapitalmarkt in der Lage ist, als Instrument der kollektiven Erwartungsbildung die Beziehung zwischen der Managervergütung und dem Unternehmenswert herzustellen. Um dies zu prüfen werden im folgenden Abschnitt empirische Studien zum Zusammenhang von Vergütung und Unternehmenswert dargestellt. Da die Kapitalmarktreaktionen auf Vergütung insbesondere davon abhängen, ob die Vergütungen wertorientiert sind, wird dabei auch ausführlich auf die Frage eingegangen, ob die Managementvergütung wertorientiert ist.

2.3.2. Vergütung und Unternehmenswert

In den folgenden Abschnitten sollen empirische Studien vorgestellt werden, die den Zusammenhang zwischen Unternehmenswert und Vergütung untersuchen. Die empirischen Studien können grundsätzlich in zwei Kategorien unterteilt werden. Die einen Studien untersuchen, inwiefern die Vergütung vom Unternehmenserfolg abhängig ist. Die anderen Studien untersuchen, ob sich der Unternehmenswert aufgrund der Vergütung der Manager ändert. In den nächsten beiden Unterabschnitten wird erläutert, wie die jeweiligen Zusammenhänge gemessen werden können.

---

[50]Dieser Index enthält große, mittlere und kleine Unternehmen aus 18 europäischen Ländern.

2.3.2.1. Messung des Zusammenhangs zwischen Vergütung und Unternehmenserfolg: Methodik

2.3.2.1.1. Messung des Einflusses von Unternehmenserfolg auf die Entlohnung

Empirisch wird der Einfluss üblicherweise über eine lineare Regression gemessen. Dabei bestehen grundsätzlich drei Möglichkeiten, wie die abhängige Variable Vergütung zur unabhängigen Variablen Performance (Unternehmenserfolg) in Beziehung gesetzt werden kann.[51] Die Basisgleichung lautet:

$$\Delta(\text{Vergütung})_{it} = \alpha + \beta \cdot \Delta(\text{Performance})_{it} \qquad (2.11)$$

Dabei ist α eine Konstante und β der Regressionskoeffizient, i bezeichnet die Person, deren Änderung der Vergütung zum Zeitpunkt t erklärt werden soll.[52]

Wird Vergütung und Performance in absoluten Größen gemessen, so ist β als Sensitivität zu interpretieren. Murphy (1999) nennt dies „Pay-Performance Sensitivität".[53] Eine Sensitivität gibt an, wie eine abhängige Variable absolut auf die absolute Änderung einer unabhängigen Variablen reagiert.

Werden Vergütung und Performance jeweils logarithmisch gemessen, so wird β zur Elastizität. Diese zeigt, wie sich eine abhängige Variable relativ als Reaktion auf die relative Änderung einer unabhängigen Variablen ändert. D. h. es wird untersucht, um wie viel Prozent sich die Entlohnung ändert, wenn die Performance um 1 % steigt.

In einigen Studien wird schließlich Performance logarithmisch, Vergütung dagegen absolut gemessen, so dass β die absolute Veränderung der Vergütung im Verhältnis zu einer relativen Veränderung der Performance abbildet.

---

[51]Vergütung und Performance werden hier als generische Begriffe gebraucht, wenn Ergebnisse von Studien dargestellt werden, wird genauer spezifiziert, welche Vergütung gemeint ist bzw. wie Performance gemessen wird.

[52]Dabei wird von den meisten Autoren (vgl. z. B. Murphy (1999)) angenommen, dass Zeittrends und Entlohnungs-Performance Zusammenhänge über die Manager konstant sind, somit werden individuenspezifische Effekte vernachlässigt.

[53]Vgl. Murphy (1999), S. 2523.

2.3.2.1.2. Messung des Einflusses von Vergütung auf den Unternehmenserfolg

Der Einfluss der Vergütung auf den Unternehmenserfolg kann nur von anderen Einflüssen isoliert werden, wenn die Methodik einer Ereignisstudie gewählt wird. Im Rahmen solch einer Studie wird untersucht, welche Überrenditen als Differenz aus tatsächlich beobachteter und erwarteter Rendite um den Ereignistag erzielt werden. Dabei wird die erwartete Rendite üblicherweise aus einem Kapitalmarktmodell (etwa dem CAPM) abgeleitet. Ein besonderes Problem stellt dabei die Definition des Ereignistages dar. In den Studien finden sich hierzu unterschiedliche Festlegungen:[54]

- Beschluss der neuen Vergütungsform im Aufsichtsrat (Board) des betroffenen Unternehmens,

- Datum des Proxy Statements (In den USA muß die Einführung bzw. Änderung von Vergütungsplänen an die Aufsichtsbehörde U.S. Securities and Exchange Commission (SEC) mittels eines Proxy Statements im Vorfeld der nächsten Aktionärsversammlung gemeldet werden.[55]),

- Datum des Eingangs des Proxy Statements bei der SEC (Posteingangsstempel),

- Aktionärsversammlung, in der über den neuen Plan abgestimmt wird.

Dies impliziert, dass das Ereignis „Veränderung der Managementvergütung" in aller Regel nicht hinreichend genau datiert werden kann. Dementsprechend verwenden die Studien zum Teil unterschiedliche Ereignisfenster und messen die Überrendite kumuliert (Cumulative Abnormal Returns (CAR)).

2.3.2.2. Einfluss des Unternehmenserfolgs auf die Vergütung

Viele Studien untersuchen das Verhältnis von Entlohnung zu Unternehmenserfolg. Im Folgenden sollen beispielhaft Ergebnisse von Studien dargestellt werden, die die Pay-Performance Beziehung in den USA untersucht haben. Die Darstellung erfolgt chronologisch nach dem Veröffentlichungsdatum der Studie.

Die Auswahl der untersuchten Unternehmen in den Studien erfolgt auf Basis bereits existierender Listen oder Performance-Indizes:

---

[54]Für eine Diskussion der unterschiedlichen Zeitpunkte, die als Ankündigungsdatum einer neuen Vergütung verwendet werden können, siehe Brickley et al. (1985), S. 121-123.
[55]Vgl. auch 2.3.4.2

- Die **Forbes 500** Listen enthalten die 500 größten Unternehmen der USA. Die Größe wird jeweils anhand des Umsatzes, des Gewinns, des Bilanzwertes, des Marktwert und der Mitarbeiterzahl gemessen. Somit können insgesamt mehr als 500 Unternehmen auf allen Listen zusammengeführt werden.

- Die **Fortune 500** Liste umfasst die jeweils 500 umsatzstärksten Unternehmen der Welt.

- Der **Standard and Poor's (S&P) 500** Index beinhaltet die 500 größten börsennotierten US-Unternehmen, gemessen anhand der Marktkapitalisierung.

- Der **S&P MidCap 400** Index schließt die 400 nächstgrößten (mittelgroßen) Unternehmen ein.

- Im **S&P SmallCap 600** Index sind die 600 weiteren „nächstgrößten" (kleineren) Unternehmen enthalten.

- Der **S&P 1000** Index fasst den S&P MidCap 400 Index mit dem S&P Small-Cap 600 Index zusammen. Die Daten der Managementvergütung dieser Unternehmen ist seit 1992 in der ExecuComp Datenbank verfügbar.

- Schließlich sind in **S&P 1500** die drei Indizes S&P 500 S&P MidCap 400 und S&P SmallCap 600 enthalten.

Tabelle 2.2 gibt einen Überblick über die Studien, die in diesem Abschnitt zitiert werden.

Tabelle 2.2.: Überblick über ausgewählte Studien zum Einfluss des Unternehmenserfolgs auf die Vergütung

Studie	Zeitraum	Stichprobe
Murphy (1985)	1964-1981	73 Fortune 500 Unternehmen
Jensen/Murphy (1990)	1969-1983	73 Fortune 500 Unternehmen[a]
	1974-1986	1688 Manager aus insgesamt 1049 Forbes 500 Unternehmen
Boschen/Smith (1995)	1948-1990	16 Fortune 500 Unternehmen
Hall/Liebman (1998)	1980-1994	478 Forbes 500 Unternehmen[b]
Murphy (1999)	1970er, 1980er und 1990er	S&P 500 Unternehmen
Leone et al. (2006)	1992-2003	ExecuComp Daten
Lord/Saito (2009)	1992-2007	S&P 1.500 Unternehmen
Frydman/Saks (2010)	1930-2005	jeweils 50 größten[c] Unternehmen (1940, 1960, 1990)

[a]Es werden die gleichen Unternehmen wie in Murphy (1985) betrachtet.
[b]Diese mussten im angegebenen Zeitraum mindestens viermal in einer der Listen der Forbes 500 enthalten sein
[c]Vor 1960 anhand des Marktwertes, 1960-1990 anhand des Umsatzes gemessen.

Bei der Darstellung der Studien wird ausführlicher auf die Studien von Murphy (1985), Jensen/Murphy (1990), Murphy (1999) und Frydman/Saks (2010) eingegangen. Die Ergebnisse der Studien von Boschen/Smith (1995), Hall/Liebman (1998), Leone et al. (2006) und Lord/Saito (2009) werden ergänzend berichtet.

Die Studie von **Murphy (1985)** ist eine der ersten Studien, die einen signifikanten Zusammenhang zwischen Vergütung und Unternehmenserfolg festgestellt hat. Die Ergebnisse früherer Studien anderer Autoren hatten bis dahin Unternehmensgröße als einzigen wichtigen bestimmenden Faktor identifiziert.[57]

Die Vergütung wird in Grundgehalt, Bonus und längerfristige Entlohnung („deferred compensation") unterteilt. Die längerfristige Entlohnung enthält auch Aktienprogramme, Aktienoptionen und weitere Entlohnung, dabei werden jedoch Pensionsrückstellungen nicht berücksichtigt.

Die von Murphy (1985) beobachteten Pay-Performance Elastizitäten für einen 10 % Anstieg der Unternehmensperformance, gemessen als inflationsbereinigte Eigenkapitalrendite, werden in Tabelle 2.3 aufgelistet.[58]:

Tabelle 2.3.: Murphy (1985): Pay-Performance Elastizitäten

Bestandteil	Elastizität
Gesamte Vergütung:	2,12 %***a
Grundgehalt:	0,65 %***
Bonus:	14,29 %***
Grundgehalt + Bonus	1,79 %***
Längerfristige Entlohnung:	4,93 %***
Aktienoptionen:	-3,6 %

aÄnderungen sind auf dem 1 % Niveau signifikant.

Alle Änderungen, bis auf die Änderung der Aktienoptionen, sind auf dem 1 % Niveau signifikant.[60]

Bei einer Unterteilung der Stichprobe nach der Performance der Unternehmen zeigt Murphy (1985) jedoch, dass die Entlohnung der Manager auch steigt, wenn der Marktwert des Eigenkapitals sinkt, so erhöht sich z. B. das gesamte Gehalt um 23 %, auch wenn die Eigenkapitalrendite um mehr als 30 % gesunken ist.

[57]Vgl. Murphy (1985), S. 12.

[58]Murphy (1985) erhält ähnliche Ergebnisse, wenn die Eigenkapitalrendite ins Verhältnis zur Eigenkapitalrendite der jeweiligen Branche gesetzt wird.

[60]Murphy (1985) begründet die Elastizität für Aktienoptionen damit, dass Aktienoptionen eher zu Zeiten schlechter Performance gewährt wurden, und dass nur neue Aktienoptionen berücksichtigt werden und nicht die Veränderung des Wertes der bisher gewährten Optionen.

Neben der Unternehmensperformance identifiziert Murphy (1985) Umsatzwachstum als wichtigen Einflussfaktor auf die Höhe der Entlohnung, so zeigt er, dass bei einer Erhöhung des Umsatzes um 10 % die gesamte Vergütung um 2,05 % steigt, d. h. die Unternehmensgröße beeinflusst weiterhin die Vergütung.

Jensen/Murphy (1990) berichten die Pay-Performance Sensitivitäten im Bezug auf die Änderung des Marktwert des Eigenkapitals des aktuellen Jahres und des Vorjahres zusammen. Sie zeigen, dass die Vergütung, die nicht aktienkursbasiert ist[61], um 30 Cent statistisch signifikant steigt, wenn der Marktwert des Eigenkapitals um 1.000 Dollar zunimmt. Der Wert der gehaltenen Aktienoptionen[62] reagiert ebenfalls signifikant mit 15 Cent. Des Weiteren wird die Möglichkeit, entlassen zu werden, berücksichtigt.[63] Dies führt zu einer Sensitivität von 30 Cent. Die größte Reaktion ist jedoch bei der Änderung des Wertes der gehaltenen Aktien[64] zu beobachten, die Sensitivität beträgt 2,5 Dollar. Insgesamt zeigen Jensen/Murphy (1990), dass das Vermögen eines Managers um 3,25 Dollar steigt, wenn der Marktwert des Eigenkapitals um 1.000 Dollar zunimmt.[65]

Tabelle 2.4 fasst die Werte nochmals zusammen:

Tabelle 2.4.: Jensen/Murphy (1990): Pay-Performance Sensitivität

Bestandteil	Sensitivität
Δ Nicht aktienkursorientierte Vergütung	30 Cent
Δ Wert der Aktienoptionen	15 Cent
Möglichkeit entlassen zu werden	30 Cent
Δ Wert der Aktien	2,5 Dollar
Insgesamt	3,25 Dollar

Wird die Stichprobe jedoch in kleine und große Unternehmen unterteilt, ist die Pay-Performance Sensitivität für große Unternehmen mit 1,85 Dollar geringer als

---

[61]Summe aus Grundgehalt, Bonus, Aktien und sonstigen Formen der Vergütung und geschätzter Wert der zukünftigen Änderungen von Grundgehalt und Bonus.

[62]Dabei werden alle Aktienoptionen berücksichtigt, die zu dem Zeitpunkt von dem Manager gehalten werden.

[63]Vgl. Jensen/Murphy (1990), S. 238-242 für Details zur Messung dieser Möglichkeit.

[64]Es werden nicht nur die Aktien berücksichtigt, die der CEO selbst hält, sondern auch die Aktien, die von Familienmitgliedern gehalten werden und diejenigen, für die der CEO Bevollmächtigter ist.

[65]Vgl. Jensen/Murphy (1990), S. 242.

für kleine Unternehmen (8,05 Dollar). Außerdem stellen sie fest, dass die nicht aktienkursorientierte Vergütung auch steigt, wenn sich die Unternehmensperformance nicht geändert hat.

Des Weiteren stellen Jensen/Murphy (1990) fest, dass der Aktienbesitz der Manager von 0,3 % in 1938[66] auf 0,03 % in 1984 gesunken ist. Ebenso hat die Pay-Performance Sensitivität für die 25 % größten Unternehmen[67] von 17,5 Cent in 1934 - 1938 auf 1,9 Cent in 1974 - 1986 abgenommen.

Jensen/Murphy (1990) schließen aus ihren Ergebnissen, dass die Beziehung zwischen Entlohnung/Vermögen der Manager und dem Vermögen der Eigenkapitalgeber gering ist. Dies führen sie darauf zurück, dass die Entlohnung sowohl nach oben als auch nach unten begrenzt ist.

Boschen/Smith (1995) zeigen, dass die Höhe der Entlohnung längerfristig stärker auf Erfolg reagiert als kurzfristig. Diese Reaktion sei 10 Mal so hoch wie die unmittelbare Reaktion, und diese Reaktion sei zum größten Teil über die folgenden 4 - 5 Jahre zu beobachten.[68] Sie schließen daraus, dass die Pay-Performance Beziehung eine signifikante längerfristige Komponente hat. Ihre Ergebnisse zeigen weiterhin, dass die Pay-Performance Beziehung in dem betrachteten Zeitraum (1948 - 1990) signifikant zunimmt.

Hall/Liebman (1998) stellen fest, dass sich der Median der Elastizität der Vergütung[69] zwischen 1980 und 1994 von 1,2 auf 3,9 mehr als verdreifacht hat. Für die Pay-Performance Sensitivität zeigen sie, dass sich diese von 2,51 (1980) auf 5,29 Dollar (1994) mehr als verdoppelt, so steigt im Median das Vermögen eines Managers um 5,29 Dollar, wenn der Marktwert des Eigenkapitals um 1.000 Dollar steigt. Im Gegensatz zu vorherigen Studien (z. B. Jensen/Murphy (1990)) stellen Hall/Liebman (1998) fest, dass das Vermögen der Manager bei schlechter Performance sinkt.

Einen Überblick über die Entwicklung von den 1970er zu den 1990er Jahren gibt **Murphy (1999)**. Dabei differenziert er nach unterschiedlichen Industriezweigen und zeigt für die *Industrieunternehmen* der Standard & Poor's 500, dass in den 70er Jahren ein Anstieg des Marktwertes des Eigenkapitals um 1.000 Dollar zu einem Anstieg der Managervergütung (Grundgehalt, Bonus und weitere Formen der Barzahlungen) der Vorstände oder CEO's dieser Unternehmen von 0,4 Cent führte und dass sich dieser Anstieg bis zu den 1990er Jahren auf 1,4 Cent pro 1.000

---

[66]Dazu wurden Daten verwendet, die von der U.S. Work Projects Administration (WPA) gesammelt wurden.

[67]Gemessen am Marktwert.

[68]Dies gilt sowohl unter Berücksichtigung als auch Nichtberücksichtigung von Aktien- und Aktienoptiongewährungen.

[69]Diese umfasst sowohl aktienbasierte als auch nicht aktienbasierte Vergütung.

Dollar gesteigert hat. Die Pay-Performance Sensitivität hat sich somit um mehr als das 3-fache erhöht.

Bezüglich der Pay-Performance Elastizität beobachtet Murphy (1999), dass ein Anstieg des Marktwertes des Eigenkapitals um 1 % in den 1970er Jahren zu einem Anstieg der Managervergütung (Grundgehalt, Bonus und weitere Formen der Barzahlungen) um 0,094 % führte, während die Vergütung in den 1990er Jahren um 0,26 % pro 1 % Veränderung des Marktwertes des Eigenkapitals stieg. Hier findet damit ebenfalls fast eine Verdreifachung der Elastizität statt.

Ein ähnlicher Trend ist für die Pay-Performance Sensitivität der *Energieversorgungsunternehmen* der Standard & Poor's 500 mit einem Anstieg von 1,7 Cent (1970er Jahre) auf 5,1 Cent (1990er Jahre) pro 1000 Dollar des Shareholdervermögens zu beobachten. Die Elastizität der Vergütung stieg sogar von 0,07 auf 0,398 %.

Murphy (1999) stellt fest, dass generell ein Anstieg des Verhältnisses von Grundgehalt zuzüglich kurzfristiger Entlohnung zum Erfolg des Unternehmens zu beobachten sei, unabhängig davon, ob Sensitivitäts- oder Elastizitätsmaße verwendet werden. D. h. die Erfolgsorientierung dieser Vergütung nimmt zu.

Wird zusätzlich die Entlohnung in Form von Aktienoptionen und (in der Ausübung beschränkten) Aktien berücksichtigt, zeigt sich für alle Unternehmen, dass der größte Teil der Erhöhung der Managementvergütung in den 1990er Jahren durch Vergütung in Form von Aktienoptionen und Aktien erklärt werden kann.

Murphy (1999) zeigt auch, dass die Gehälter von Managern kleiner Unternehmen (Standard & Poor's Small-Cap Industries) stärker auf eine Veränderung des Aktionärsvermögens reagieren als Gehälter von Managern großer Unternehmen. Dies sei aber nicht überraschend, da risikoaverse Manager von großen Unternehmen in der Regel nur einen kleinen Anteil am Unternehmen halten können.[70] In den 90er Jahren sei der Anteil der Aktien (ohne Berücksichtigung der Aktienoptionen), die von CEO's gehalten wurden, gesunken, der Wert dieser Anteile hingegen sei gestiegen.

Leone et al. (2006) unterscheiden in ihrer Studie zwischen Barzahlung (Grundgehalt plus Bonus) und aktienbezogener Bezahlung. Sie stellen dabei fest, dass die Barzahlungen doppelt so stark auf negative Aktienkursänderungen wie auf positive Aktienkursänderungen reagieren. Für aktienbezogene Vergütung stellen sie keinen Unterschied in der Reaktion auf positive oder negative Änderungen fest.

Lord/Saito (2009) zeigen, dass die Pay-Performance Sensitivität des aktienbasierten Managervermögens ungefähr 14,83 Dollar für einen Anstieg des Marktwertes des Eigenkapitals um 1000 Dollar in 1994 betrug, diese bis 2001 auf 18,51 Dollar anstieg und sich danach bis 2007 auf 11,28 Dollar verringerte.

---

[70]Vgl. Murphy (1999), S. 2531.

Frydman/Saks (2010) betrachten separat die Auswirkung der Änderung des Erfolgs auf den Wert der von Managern gehaltenen Aktienoptionen und Aktien. Dabei untersuchen sie einerseits die Sensitivität, andererseits die absolute Veränderung des Wertes der gehaltenen Aktien und Aktienoptionen im Verhältnis zum Anstieg des Unternehmenswertes um 1 %. Beide Maße zeigen, dass der Zusammenhang zwischen Erfolg und Veränderung des Wertes der gehaltenen Aktien und Aktienoptionen nach dem zweiten Weltkrieg zunächst in den 1940er Jahren gesunken ist, bis zu den 1960er Jahren zugenommen, in den 1970er Jahren abgenommen hat und schließlich bis 2000-2005 wieder gestiegen ist. Jedoch liefern die beiden Maße unterschiedliche Ergebnisse hinsichtlich der Frage, ob das Niveau von 1936-1940 wieder erreicht wird. Während die Sensitivität in 2000-2005 noch unter der von 1936-1940 liegt, zeigt das andere Maß eine Vervielfachung des Zusammenhangs. Die Autoren lassen offen, wie dies zu interpretieren ist.

Wie auch andere Autoren[71] vor ihnen identifizieren Frydman/Saks (2010) die Firmengröße als wichtigen Einflussfaktor auf die Höhe des Managementgehalts. Dieser Faktor habe in den letzten 30 Jahren an Bedeutung gewonnen. Sie vermuten jedoch auch, dass dies dadurch begründet sein kann, dass beide gleichzeitig unabhängig voneinander gestiegen seien.[72]

Insgesamt lässt sich festhalten, dass sich die Entlohnung von Managern in Abhängigkeit von der Veränderung des Marktwertes des Eigenkapitals ändert und dass der Zusammenhang seit den 1940er Jahren zugenommen hat. Jedoch hat die Unternehmensgröße ebenfalls Einfluss auf die Höhe der Entlohnung.

Des Weiteren kann festgestellt werden, dass der Anteil der aktienbasierten Entlohnung in den USA in den letzten Jahrzehnten angestiegen ist. Die Größe des Zusammenhangs zwischen Entlohnung und Unternehmenserfolg hängt jedoch davon ab, welche Unternehmen und welche Bestandteile der Entlohnung bzw. des Managervermögens zu welchen Zeitpunkten betrachtet und wie diese berechnet werden.

Es lässt sich schlussfolgern, dass die Themen Komplexität und Durchschaubarkeit der Vergütung wichtiger geworden sind.

---

[71]Vgl. z. B. Murphy (1999).
[72]Vgl. Frydman/Saks (2010), S. 2115-2119.

2.3.2.3. Einfluss der Vergütung auf den Unternehmenserfolg

In Abschnitt 2.3.2.2 wurde betrachtet, inwiefern die Vergütung von der Steigerung des Marktwertes des Unternehmens abhängt. In diesem Abschnitt soll nun die umgekehrte Kausalität im Fokus stehen. Es werden empirische Studien vorgestellt, die die Auswirkung von Vergütung auf den Unternehmenswert untersuchen. Mittels dieser Studien wird untersucht, wie der Kapitalmarkt auf Vergütung reagiert.

Dabei wird nur auf Ergebnisse zu Kapitalmarktreaktionen Bezug genommen, andere Ergebnisse werden vernachlässigt. Grundsätzlich erwarten alle Studien entsprechend der Agency-Theorie eine positive Kapitalmarktreaktion auf eine neue Vergütungsform.

Die folgenden Studien werden nach Art des Vergütungsplans differenziert und dann in chronologischer Reihung vorgestellt. Alle Studien beziehen sich auf US-amerikanische Unternehmen.

2.3.2.3.1. Kurzfristige rechnungslegungsbasierte Entlohnung

Die Kursreaktion auf die Einführung von neuen kurzfristigen Anreizplänen wurde von **Tehranian/Waeglein (1985)** für 300 Unternehmen untersucht, die zufällig aus den Fortune 1000 und weiteren 200 am New Stock Exchange gelisteten Unternehmen ausgewählt wurden. Von diesen Unternehmen konnten 42 identifiziert werden, die im Zeitraum 1970-1980 kurzfristige Pläne eingeführt hatten.[73] Dazu wird der Zeitraum 10 Monate vor bzw. 20 Monate nach der Ankündigung einen neuen Plans betrachtet. Dabei wird das Datum des Proxy Statements als Eventdatum verwendet. Sie stellen eine signifikant positive kumulierte Kapitalmarktreaktion in den 6 Monaten vor der Einführung von insgesamt 19,51 % bzw. in den 10 Monaten nach der Einführung von 10,52 % fest.[74] Sie stellen jedoch in Frage, ob die positiven Reaktionen tatsächlich auf die Einführung der Pläne zurückzuführen sind.

2.3.2.3.2. Langfristige rechnungslegungsbasierte Entlohnung

Eine der ersten Studien, die die Auswirkung der Änderung von Entlohnung beobachtet, ist die Studie von **Larcker (1983)**. Er untersucht, wie sich die Einführung von Performance Plänen (längerfristige rechnungslegungsbasierte Pläne (3 - 6 Jahre)) auf den Marktwert des Eigenkapitals auswirkt. Dazu vergleicht er 25 Unternehmen, die im Zeitraum 1971 - 1978 Performancepläne eingeführt haben, mit

---

[73]Vgl. Tehranian/Waeglein (1985) S. 133-135.
[74]Vgl. Tehranian/Waeglein (1985) S. 136-140.

25 ähnlichen Unternehmen ohne neue Performancepläne (matched sample). Larcker (1983) untersucht hierfür den Zeitraum 5 Tage vor bzw. 5 Tage nach dem Eventdatum, gemessen als Datum des Proxy Statements. Er stellt einen Tag nach der Ankündigung eine signifikante Überrendite von 0,525 %[75] fest. Vergleicht er die Überrenditen mit den Überrenditen der Firmen, die keine neuen Pläne eingeführt haben, stellt er zudem 2 Tage vor der Ankündigung einen signifikanten Unterschied fest.

Wie Larcker (1983) untersuchen **Gaver et al. (1992)** die Kapitalmarktreaktion auf längerfristige rechnungslegungsbasierte Vergütungspläne. Sie untersuchen 283 Unternehmen im Zeitraum 1971 - 1980, für die sie die Proxy Statements zur Verfügung haben. Bei ihrer Auswertung berücksichtigen sie drei Zeitpunkte als Ankündigungszeitpunkte, den Tag der Aufsichtsratsitzung, das Datum des Proxy Statements und das Datum des Eingangs bei der SEC, zudem jeweils einen Tag nach dem jeweiligen Eventdatum. Für alle drei Zeitpunkte finden sie im Gegensatz zu Larcker (1983) weder signifikante Überrenditen noch signifikante kumulierte Überrenditen. Somit können sie keine positive Kapitalmarktreaktion feststellen.

Kumar/Sopariwala (1992) untersuchen ebenfalls die Kapitalmarktreaktion auf die Einführung von längerfristigen rechnungslegungsbasierten Vergütungsplänen. Dazu betrachten sie 62 Fortune 500 Unternehmen, die zwischen 1978 - 1982 Performancepläne eingeführt haben. Diese werden mit Kontrollunternehmen verglichen, die auf neue längerfristige Performancepläne verzichtet haben.[76] Sie finden im Gegensatz zu Gaver et al. (1992) und übereinstimmend mit Larcker (1983) eine positive signifikante Kapitalmarktreaktion in Form einer Überrendite von 0,4126 % einen Tag nach dem Eventdatum, gemessen als Datum des Proxy Statements. Das Ergebnis von Gaver et al. (1992) führen sie darauf zurück, dass deren Stichprobe kleine Unternehmen enthalten habe und der Kapitalmarkt für diese die Informationen langsamer verarbeite.

2.3.2.3.3. Aktienkursbasierte Entlohnung und Aktienoptionen

Brickley et al. (1985) untersuchen den Einfluss der Einführung oder Änderung längerfristiger Vergütungspläne, aktienkursbasiert und rechnungslegungsbasiert[77], im Zeitraum 1979 - 1982 für Unternehmen, die an der New York Stock Exchange gelistet sind.[78] Sie beobachten für 83 Unternehmen eine signifikant positive ku-

---

[75]In dem Artikel werden keine Angaben zur Maßeinheit gemacht, im Vergleich mit den Ergebnissen anderer Studien wird angenommen, dass dies 0,525 % entsprechen müsste.

[76]Vgl. Kumar/Sopariwala (1992) S. 565-566.

[77]Dennoch erfolgt eine Einordnung in diesem Abschnitt, da diese Studie einer der ersten ist, die die Auswirkung von aktienkursbasierter Vergütung untersucht.

[78]Insgesamt sind dies 175 Pläne. Vgl. Brickley et al. (1985), S.119-121.

mulierte Überrendite von 2,4 % auf die Einführung neuer Pläne in dem Zeitraum zwischen Beschluss eines neuen Plans im Aufsichtsrat und dem Tag nach Eingang des Proxy Statements bei der Aufsichtsbehörde SEC, wobei kein Unterschied zwischen den Reaktionen auf unterschiedliche längerfristige Vergütungspläne festgestellt werden konnte.

Die Einführung von Aktienoptionsplänen wird von **DeFusco et al. (1990)** untersucht. Es werden 107 Unternehmen, die an der New York Stock Exchange gelistet sind und Aktienoptionspläne eingeführt haben, im Zeitraum von 1978 - 1982 betrachtet. Dabei interessieren sie sich nicht nur für Kursreaktionen, sie untersuchen auch die vermutete Anreizwirkung der Aktienoptionen. Konkret wird die Hypothese überprüft, ob Optionen Risikoanreize für das Management mit sich bringen. DeFusco et al. (1990) stellen eine signifikant positive Kapitalmarktreaktion bei Eingang des Proxy Statements bei der SEC von 0,38 % bzw. von 0,68% im Zeitraum zwischen Eingang und erstem Handelstag nach Eingang fest. Zudem beobachten sie in Übereinstimmung mit ihrer Hypothese eine Zunahme der Volatilität des Aktienkurses. Dies führen sie darauf zurück, dass antizipiert wird, dass die Manager riskantere Projekte durchführen werden.

Yermack (1997) untersucht nicht die Kapitalmarktreaktion auf die Einführung, vielmehr diejenige auf 620 Aktienoptionsgewährungen innerhalb bestehender Programme zwischen 1992 - 1994 für Vorstände der Fortune 500 Unternehmen. Entgegen theoretischer Vorhersagen können 15 Tage nach dem Datum der Gewährung von Aktienoptionen signifikant positive kumulierte Überrenditen von 1,18 % gezeigt werden. Diese Entwicklung setzt sich in der nächsten Zeit fort bis zu einer hoch signifikanten kumulativen Überrendite von 2,27 % nach 50 Tagen, danach lässt die Reaktion nach.

Morgan/Poulsen (2001) untersuchen die Kapitalmarktreaktionen auf die Ankündigung der Einführung oder der Änderung aktienkursbasierter Entlohnung für Unternehmen, die zu den S&P 500 gehören, in den Jahren 1992 - 1995. Sie betrachten die Kapitalmarktreaktion rund um das Datum des Proxy Statements (ein Tag davor bzw. danach) und rund um die darauf folgende Aktionärsversammlung. Dabei wird unter anderem danach differenziert, welche Zielgruppe der Plan betrifft (Vorstand, Aufsichtsrat, Angestellte, mehrere Gruppen) bzw. ob es sich um Ersatzpläne, zusätzliche Pläne, Erweiterung bisheriger Pläne, neue Pläne oder eine Mischung handelt.

Insgesamt wird eine signifikant positive Überrendite von 0,52 % für 330 Pläne, die den Vorstand des Unternehmens betreffen, im Zeitfenster um das Proxy Statement

Datum festgestellt. Für Pläne, die andere Gruppen betreffen, finden sich keine signifikanten Ergebnisse.[79] Außerdem stellen sie fest, dass Unternehmen, die Pläne ankündigen, im Jahr vor der Ankündigung ein niedrigeres Buch/Marktwert Verhältnis haben als Firmen, die dies nicht tun. Im Jahr nach der Einführung der Pläne sind die Unternehmen erfolgreicher als solche, die keine Pläne eingeführt haben. Morgan/Poulsen (2001) schließen aus ihren Ergebnissen, dass die Pläne im Sinne der Anteilseigner sind.

Martin/Thomas (2005) untersuchen die Kapitalmarktreaktion auf Aktienoptionspläne, die in den Proxy Statements von 1998 zu finden sind. Hierzu betrachten sie 458 Unternehmen und finden im Zeitraum einen Tag vor bzw. einen Tag nach dem Datum des Proxy Statement im Gegensatz zu Morgan/Poulsen (2001) und De-Fusco et al. (1990) keine signifikante Reaktion, vielmehr eine negative kumulierte Überrendite von -0,25 %, die allerdings nicht signifikant ist.

2.3.2.3.4. Residualgewinnbasierte Vergütung

Im Folgenden werden drei Studien vorgestellt, die die Kapitalmarktreaktionen auf die Einführung von residualgewinnbasierter Vergütungsformen beobachten. Der Residualgewinn wird berechnet, indem vom Jahresüberschuss vor Fremdkapitalzinsen Zinsen für das investierte Kapital subtrahiert werden. Dies soll ebenfalls dazu beitragen, dass Manager mehr im Interesse der Aktionäre handeln. Eine bekannte residualgewinnbasierte Kennzahl ist der Economic Value Added (EVA ©), der von der Unternehmensberatung Stern Stewart & Co entwickelt wurde.[80]

Die Studie von **Wallace (1996)** vergleicht 40 Unternehmen, die residualgewinnbasierte Vergütung eingeführt haben, mit Unternehmen, die traditionelle Kennzahlen nutzen, die z. B. gewinnbasiert sein können (matched sample). Um die Kapitalmarktreaktion zu untersuchen, verwendet er ein größeres Zeitfenster als viele der zuvor zitierten Studien. Er betrachtet dazu die Kapitalmarktdaten für 12 Monate vor dem Jahr der Einführung des neuen Vergütungsplans und die 12 Monate des Jahres der Einführung, also insgesamt zwei Jahre. Er berechnet anhand dieser Daten die kumulativen durchschnittlichen Renditen und stellt fest, dass die Unternehmen, die residualgewinnbasierte Vergütung eingeführt haben, den Markt um 4 % übertreffen. Jedoch ist dieses Ergebnis statistisch nicht signifikant.

Kleiman (1999) untersucht ebenfalls Unternehmen, die eine residualgewinnbasierte Vergütung implementiert haben. Er beschränkt seine Untersuchung jedoch auf Unternehmen, die den Residualgewinn EVA eingeführt haben, und vergleicht

---

[79]Die Ergebnisse, die Morgan/Poulsen (2001) zu der Art des Plans berichten, sind nicht nach Zielgruppen differenziert, daher werden die Ergebnisse hier nicht berichtet.
[80]Vgl. z. B. Stern et al. (1995).

sie mit ähnlichen Unternehmen (matched sample). Er identifiziert insgesamt 71 Unternehmen. Er wählt für seine Untersuchung einen Zeitraum von 3 Jahren vor bzw. 3 Jahren nach der Einführung des neuen Planes. In den Jahren vor der Einführung ergibt sich kein Unterschied zwischen den untersuchten Unternehmen und der Kontrollgruppe, jedoch ergibt sich ein anderes Bild in den drei Jahren nach der Einführung. Unternehmen, die EVA eingeführt haben, zeigen eine bessere Aktienmarktperformance als Vergleichsunternehmen. Sie hatten im Jahr der Einführung eine Überrendite von 3,63 %, wenn die nächsten Jahre hinzugenommen werden, beträgt die Überrendite insgesamt 7,8 %.

Auch **Tortella/Brusco (2003)** untersuchen in ihrer Studie 61 Unternehmen, die die residualgewinnbasierte Kennzahl EVA im Zeitraum 1983 - 1998 eingeführt haben. Sie beobachten die Kapitalmarktreaktion in einem Zeitfenster von 30 Tagen vor bzw. 30 Tage nach der Einführung.[81] Obwohl sie in diesem Zeitraum signifikant positive Überrenditen 9 bzw. 4 Tage vor dem Einführungsdatum bzw. 6 oder 21 Tage nach dem Einführungsdatum finden, schlussfolgern Tortella/Brusco (2003), dass sie keine signifikante Marktreaktion nach der Einführung feststellen können. Dies begründen sie auch damit, dass für den Zeitraum nach der Einführung keine signifikant positiven *kumulativen* Überrenditen beobachtet werden können.

2.3.2.3.5. Diskussion der Studien

Die Studien zeigen insgesamt ein sehr heterogenes Bild hinsichtlich der Einführung von erfolgsorientierter Vergütung. Dies mag zum einen durch die Unterschiede in den Vorgehensweisen der Studien zu erklären sein. So ist die Wahl des Eventdatums vor dem Hintergrund informationseffizienter Märkte (vgl. Abschnitt 2.2.1) höchst relevant. Wenn ein Kapitalmarkt informationseffizient ist, kann erwartet werden, dass die Information über Einführung einer Vergütungsform, die den Manager am Erfolg des Unternehmens beteiligt, bei Veröffentlichung umgehend im Kurs widergespiegelt wird. Insofern stellt sich die Frage, weshalb in der Studie von Tehranian/Waeglein (1985) noch 10 Monate nach der Einführung eine positive „Reaktion" festzustellen ist. Ebenso sind die Ergebnisse der Studie von Kleiman (1999) erstaunlich, da er noch drei Jahre nach Einführung des EVAs positive Überrenditen feststellt. Entweder deuten diese auf eine Kapitalmarktineffizienz[82] hin, oder es muss noch andere Einflussfaktoren geben. Die insignifikanten Ergebnisse der Studie von Tortella/Brusco (2003) könnten auf das gewählte Eventdatum (genannt von Stern Stewart & Company) zurückzuführen sein, da dieses Datum im Vergleich zu den Eventdaten der anderen Studien ungenau erscheint. Somit wäre es

---

[81]Der Einführungstag wird von Stern Stewart & Company übernommen.
[82]Vgl. Warner (1985) im Bezug auf Tehranian/Waeglein (1985), S. 147-149.

möglich, dass der Kapitalmarkt die Information bereits vor dem genannten Datum antizipiert hat.

Warner (1985) fasst die möglichen Gründe für positive Kapitalmarktreaktionen zusammen: (1) Die Anreize der Vergütungsform für die Manager werden vom Kapitalmarkt antizipiert. (2) Es wird angenommen, dass die Pläne eingeführt werden, weil das Unternehmen aus Sicht der Manager unterbewertet ist. (3) Es werden steuerliche Vorteile antizipiert. Seiner Ansicht nach kann für die Studien von Brickley et al. (1985) und von Tehranian/Waeglein (1985) nicht nach dem Grund für die Reaktion differenziert werden. Gleiches gilt aus Sicht der Autorin dieser Arbeit für die anderen Studien.[83]

Zudem gibt Warner (1985) zu bedenken, dass andere Ereignisse, wie z. B. Gewinnankündigungen, ebenfalls Einfluss auf die Kapitalmarktpreise haben können.[84] Dies gilt insbesondere, wenn ein längerer Zeitraum nach der Einführung betrachtet wird.

Einen weiteren Grund für die Einführung neuer Vergütungspläne nennt Murphy (1999): Innovative Vergütungspläne würden oftmals in Unternehmen eingeführt, die Probleme hätten.[85]

Einige Autoren[86] äußern die Vermutung, dass die Pläne im Wissen hoher erwarteter Gewinne im folgenden Jahr eingeführt werden. Von einer ähnlichen Annahme geht Yermack (1997) aus, nach ihm nehmen Manager Einfluss auf ihre Vergütung, weil sie wissen, dass die Performance des Unternehmens steigen wird.[87] Dies zeigt er, indem er seine Stichprobe nach Einflussmöglichkeit der Manager auf die Entlohnung differenziert. So findet er signifikante kumulative Überrenditen von 11,2 %, wenn Manager Mitglied in dem Gremium sind, das über die Vergütung entscheidet. Im Gegensatz dazu findet er keine signifikanten Überrenditen, wenn die Manager kaum Einfluss haben.

Letzter Punkt leitet direkt zu den Problemen gängiger Vergütungspraxis über. Er suggeriert, dass Entlohnung teilweise nicht aus der Sicht der Aktionäre („Optimal Contracting View"), sondern aus Sicht der Manager optimiert werden. Bebchuk/Fried (2003) nennen dies den „Managerial Power Approach". Aus diesen unterschiedlichen Perspektiven wird im folgenden Abschnitt die gängige Praxis diskutiert.

---

[83]Vgl. Warner (1985), S. 147-148.
[84]Vgl. Warner (1985), S. 148-149.
[85]Vgl. Murphy (1999), S. 2540.
[86]Vgl. Tehranian/Waeglein (1985), S. 141; Warner (1985), S. 145.
[87]Vgl. Yermack (1997), S. 2274-275.

2.3.3. Erklärungsmodelle der Managementvergütung

In den vergangenen Abschnitten wurden zahlreiche empirische Ergebnisse zum Zusammenhang zwischen Vergütung und Unternehmenserfolg bzw. Unternehmenswert vorgestellt. Beide, sowohl die kausale Beziehung Erfolg $\Longrightarrow$ Vergütung als auch umgekehrt die kausale Beziehung Vergütung $\Longrightarrow$ Erfolg, betrachten Vergütung aus einer standardökonomischen Sichtweise. Diese ist in der Literatur als „Optimal contracting view"[88] bekannt und wird nachfolgend ausführlich erläutert. Uneinheitliche empirische Ergebnisse deuten allerdings darauf hin, dass die standardtheoretische Sicht, nach der Manager erfolgsorientiert vergütet werden und als Folge den Unternehmenswert steigern, die Vergütungspraxis nicht vollständig erklären kann. Daher wird ein zweites Erklärungsmodell, der „Managerial Power Approach", ebenfalls vorgestellt. Darüber hinaus gibt es noch weitere Erklärungsansätze[89], auf die im Rahmen dieser Arbeit nicht näher Bezug genommen werden soll.

2.3.3.1. Optimal Contracting View

Verträge werden nach dem „Optimal Contracting View" aus Perspektive eines optimierenden Prinzipals (Aktionärs) festgelegt. Dabei berücksichtigen er oder seine Stellvertreter (z. B. der Aufsichtsrat) alle zur Verfügung stehenden Informationen, unter anderem auch, dass Manager nicht per se im Sinne der Prinzipale handeln. Mittels eines Vertrages sollen Agency-Probleme gemindert werden.[90]

Dabei sollten alle Informationen, die belegen können, dass der Manager Handlungen durchgeführt hat, die im Sinne der Aktionäre waren, bei der Erstellung eines Vertrages mitberücksichtigt werden. Hieraus resultiert ein Vergütungspaket, das mehrere Bestandteile haben und durch die Gewichtung unterschiedlicher Bemessungsgrundlagen gekennzeichnet sein kann.[91]

Anhand dieses „informativeness principle"[92], nach dem Erfolgsmaße immer dann Bestandteil der Vergütung sind, wenn sie informativ über die Leistungen des Managers sind, kann erklärt werden, warum Manager aktienkursbasiert entlohnt werden. Dies ist nicht einfach der Fall, weil Aktionäre höhere Aktienkurse wünschten, sondern vielmehr weil diese eine Information darüber geben, ob Manager Handlungen

---

[88]Dieser Begriff wurde von Bebchuk und Fried, den Kritikern des Ansatzes, geprägt (vgl. z. B. Bebchuk/Fried (2003)) .

[89]Z. B. die „Tournament Theory" (vgl. Lazear/Rosen (1981)), „Superstar"-Vergütungstheorie (vgl. Rosen (1981), Malmendier/Tate (2009)) und weitere Erklärungsansätze (vgl. Bolton et al. (2006))

[90]Vgl. auch die zitierte Literatur im Abschnitt 2.1.4.

[91]Für theoretische Überlegungen zu dem Thema vgl. z. B. Holmström (1979).

[92]Vgl. Murphy (1999), S. 2519.

im Sinne der Shareholder durchgeführt haben. Das Gleiche gelte für rechnungs-legungsbasierte Formen der Entlohnung. Wenn Kennzahlen der Rechnungslegung ausreichend über die Handlungen der Manager informieren würden, wäre keine aktienbasierte Entlohnung notwendig.[93]

Lambert/Larcker (1987) bestätigen anhand empirischer Daten, dass es unter-schiedliche Gründe gibt, weshalb mehr Gewicht auf aktienbasierte Vergütung gelegt wird. Sie zeigen, dass Manager stärker aktienkursbasiert entlohnt werden, wenn die Varianz der rechnungslegungsbasierten Erfolgsgrößen im Vergleich zur Varianz der aktienbasierten Vergütung hoch ist. Sie erklären dies damit, dass dann die rech-nungslegungsbasierte Größe stärker Einflüssen unterliegt, die der Manager nicht beeinflussen kann. Auch wenn sich Unternehmen in einer hohen Wachstumsphase (z. B. gemessen an Umsätzen) befinden, werden Manager stärker aktienkursbezo-gen entlohnt. In diesem Fall werden die Handlungen des Managers vergleichs-weise schlecht in aktuellen rechnungslegungsbasierten Daten widergespiegelt, da ihre Auswirkungen (weit) in der Zukunft liegen. Diese Auswirkungen werden durch den Aktienkurs eher widergespiegelt.[94] Des Weiteren ist die Vergütung mehr akti-enkursbasiert, wenn der Aktienbesitz der Manager gering ist.[95]

John/John (1993) zeigen anhand eines Modells, dass eine geringe Pay-Perfor-mance Sensitivität bei verschuldeten Unternehmen durchaus sinnvoll sein kann, da damit die Interessen der Kreditgeber berücksichtigt würden, die Investitionen in weniger riskante Projekte bevorzugen. Es führe dazu, die Kosten der Fremdfinan-zierung zu verringern. Dies sei wiederum im Interesse der Anteilseigner. John/John (1993) erklären somit auch die negative Reaktion auf die Einführung von aktien-kursbasierter Vergütung am Anleihenmarkt, die von DeFusco et al. (1990) beob-achtet wird.

Dittmann/Maug (2007) stellen ein Modell vor, anhand dessen sie eine opti-male Vergütungsstruktur für Manager zeigen. Die tatsächliche Vergütungsstruk-tur stimmt aber nicht mit der geschätzten optimalen Struktur überein. Das Modell zeigt, dass in optimalen Vergütungspaketen für die meisten Manager keine oder nur geringe Mengen von Aktienoptionen enthalten sein und Anreize durch die Ausgabe von eingeschränkt handelbaren Aktien geschaffen werden sollten. Außerdem sollte das Grundgehalt geringer sein.[96]

Die gängige Praxis kann daher nicht mit dem in Dittmann/Maug (2007) ent-wickelten Modell erklärt werden. Offen bleibt dabei, ob andere Agency-theoretische

---

[93]Vgl. Murphy (1999), S. 2519-2520.
[94]Vgl. Lambert/Larcker (1987), S. 114.
[95]Vgl. Lambert/Larcker (1987), S. 86.
[96]Vgl. Dittmann/Maug (2007).

Modellvarianten bessere Erklärungen liefern.[97] Obwohl der „Optimal Contracting View" unterschiedliche Bestandteile von Vergütungspaketen wie auch unterschiedliche Pay-Performance-Sensitivitäten erklären kann, macht dieser nur ansatzweise Aussagen über die Komplexität von Vergütungspaketen und insbesondere keinerlei Aussage über die Wahrnehmung der Vergütungspakete durch die Anteilseigner. Hier setzt der „Managerial Power Approach" an.

2.3.3.2. Managerial Power Approach

Eine andere Perspektive auf die vorherrschende Vergütung wird von Bebchuk und Fried entwickelt.[98] Gemäß ihrem „Managerial Power Approach" nehmen Manager Einfluss auf die Gestaltung ihrer Vergütung, um eine möglichst hohe Vergütung zu erhalten. Bei der Gestaltung der Vergütung achten die Manager darauf, wie die Vergütung von den Aktionären bzw. außerhalb des Unternehmens wahrgenommen wird. Daher werde versucht, die wahre Höhe der Vergütung zu verschleiern und die Vergütung intransparent zu gestalten. Die Vergütung wird daher unter der „Empörungsrestriktion" so maximiert, dass sie für möglichst wenig Empörung auf Seiten der Aktionäre bzw. der Öffentlichkeit sorgt.[99]

Dies kann zu Verträgen führen, die nicht im Interesse der Eigentümer sind.[100]

Bebchuk/Fried (2003) haben diesen Ansatz entwickelt, weil die gängige Praxis nicht immer mittels des „Optimal Contracting View" erklärt werden kann. Sie sind der Auffassung, dass die Gestaltung der Verträge auch ein Teil der Agencyprobleme ist.[101] Sie beziehen sich auf Unternehmen, die keinen beherrschenden Anteilseigner haben und deren Aktien im Streubesitz sind. Ihrer Ansicht nach hat ein Manager eines solchen Unternehmen ein stärkeren Einfluss auf die Gestaltung seiner eigenen Vergütung, da es Interdependenzen zwischen Managern und Aufsichtsrat, der die Eigentümer vertreten soll, gibt. Diese sind laut Bebchuk/Fried (2003) dadurch gekennzeichnet, dass Aufsichtsratsmitglieder oft kaum Anteile am Unternehmen halten, die Manager Einfluss auf die (Re-)Nominierung der Aufsichtsratsmitglieder haben und Aufsichtsräte auch in andere Aufsichtsräte gewählt werden wollen. Dies erfolgt wiederum nur, wenn sie nicht „negativ" aufgefallen sind. Daher handele der Aufsichtsrat eher im Interesse der Manager als im Interesse der Eigentümer.

---

[97]Vgl. Dittmann/Yu (2010).
[98]Vgl. Bebchuk/Fried (2003), Bebchuk/Fried (2004).
[99]Vgl. Weisbach (2007)
[100]Vgl. Bebchuk/Fried (2003), S. 75-76.
[101]Vgl. Bebchuk/Fried (2003), S. 72.

Das gleiche gelte für externe Berater. Sie hätten ein Interesse daran, weitere Aufträge von einem betroffenen Unternehmen zu erhalten und würden daher im Sinne der Manager argumentieren und deren Vergütung rechtfertigen.[102]

So hätten Manager ihren Einfluss genutzt, um ihre Vergütung durch aktienkursbasierte Vergütung zu erhöhen, während gleichzeitig die übrige Vergütung konstant geblieben sei.[103] Vor 2002 seien auch oftmals zinsgünstige Kredite an Manager vergeben worden. Dabei sei dieses indirekte Einkommen nicht in den Geschäftsberichten der Unternehmen ersichtlich gewesen.

Bebchuk/Fried (2003) identifizieren drei Faktoren, die den „Managerial Power Approach" begünstigen. Manager hätten mehr Einfluss, wenn der Aufsichtsrat schwach sei, es keinen großen externen Anteilseigner bzw. wenige institutionelle Anleger gäbe und Manager gegen feindliche Übernahmen geschützt seien.[104]

Den Einfluss der Manager auf den Aufsichtsrat untersuchen mehrere Studien. Zu diesen Überlegungen passt die Studie von Yermack (1997), der feststellt, dass nach der Ausgabe von Aktienoptionen signifikante Überrenditen erzielt werden, wenn der Manager Einfluss auf das Vergütungskomitee hat. Im Gegensatz dazu lassen sich keine signifikanten Überrenditen feststellen, wenn der Manager geringen Einfluss hat. Yermack (1997) vermutet daher, dass die Aktienoptionen in Erwartung besserer Performance ausgegeben werden.

Cyert et al. (2002) zeigen, dass ein großer Anteilseigner signifikant niedrigere Managergehälter zur Folge hat. Ebenso führt dies nach Bertrand/Mullainathan (2001) dazu, dass die Manager weniger von zufälligen Gewinnen profitieren. Bebchuk/Fried (2003) stellen noch weitere Beispiele vor, die den „Managerial Power Approach" illustrieren, und zitieren weitere empirische Studien, die ihren Ansatz unterstützen.[105]

In einem engen Zusammenhang zu den Thesen von Bebchuck/Fried steht ein Erklärungsansatz von Hall/Murphy (2003), die „perceived cost" Hypothese. Hall/Murphy gehen nicht wie Bebchuck/Fried davon aus, dass komplexe Vergütungspakete Bereicherungsinstrumente für Manager sind, sondern argumentieren eher auf Basis des „Optimal Contracting View". Sie vermuten, dass alle Beteiligten die Kosten bestehender Vergütungsformen, insbesondere von Aktienoptionen, systematisch falsch einschätzen. So lasse sich die Beliebtheit von Aktienoptionen dadurch erklären, dass die Kosten ihrer Gewährung systematisch unterschätzt würden. Folgt man der These von Hall/Murphy (2003), so muss man auch in Zweifel ziehen, dass Vergütungssysteme von Kapitalmarktteilnehmern korrekt beurteilt werden.

---

[102]Vgl. Bebchuk/Fried (2003), S. 78-79.
[103]Vgl. Bebchuk/Fried (2003), S. 76.
[104]Vgl. Bebchuk/Fried (2003), S. 77.
[105]Vgl. hierzu auch Bebchuk et al. (2002), Bebchuk/Fried (2004).

Um zu verdeutlichen, welche Informationen den Anteilseignern über die Managementvergütung zur Verfügung stehen, wird im folgenden Abschnitt kurz auf die aktuellen gesetzlichen Rahmenbedingungen zur Offenlegung von Managementvergütung eingegangen.

2.3.4. Offenlegung der Vergütung

Zunächst wird ein kurzer Überblick über die aktuellen Regelungen in Deutschland und den USA gegeben. Anschließend wird auf internationale Regelungen eingegangen.

2.3.4.1. Deutschland

In Deutschland sind Regelungen zur Publizität von Vergütungen grundsätzlich im Handelsgesetzbuch (HGB) enthalten. Des Weiteren gibt es den deutschen Corporate Governance Kodex, der 2002 erlassen und in den folgenden Jahren immer weiter modifiziert wurde. Er enthält Empfehlungen zur Offenlegung der Vorstandsvergütungen. Der Kodex empfiehlt im Absatz 4.2.5 die Offenlegung der Vergütung in einem Vergütungsbericht als Teil der Corporate Governance Berichts in „allgemein verständlicher Form". Dieser ist dann weiterhin Bestandteil des Lageberichts.[106] Da die Empfehlungen nicht rechtsverbindlich waren, wurden sie nicht von allen Unternehmen befolgt. Daraufhin wurden diese mit dem Vorstandsvergütungs-Offenlegungsgesetz (VorstOG) rechtsverbindlich.

Mit dem VorstOG wurden im Jahr 2005 Änderungen im HGB vom Bundestag beschlossen.[107] In dem Gesetz wird festgelegt, dass die Vorstandsvergütung individualisiert nach erfolgsunabhängigen und erfolgsbezogenen Komponenten im Anhang und in Grundzügen im (Konzern)Lagebericht[108] ausgewiesen werden muss. Dabei ist der Zeitwert der nicht bar gewährten Vergütungsbestandteile anzugeben. Ebenso müssen spätere Wertveränderungen ausgewiesen werden.[109] Die Offenlegung kann nur unterbleiben, wenn eine „... Mehrheit, die mindestens drei Viertel des bei der Beschlussfassung vertretenen Grundkapitals umfasst," (HGB § 285 Absatz 5) dem zustimmt.

Außerdem ist im Wertpapierhandelsgesetz (WpHG) geregelt, dass Führungskräfte „eigene Geschäfte mit Aktien des Emittenten oder sich darauf beziehenden

---

[106]Vgl. z. B. Geschäftsbericht der Allianz AG in 2009.

[107]Vgl. z. B. Gillenkirch (2008), S. 5; Die Änderungen betrafen hauptsächlich § 285, § 286, § 289, § 314 des HGB.

[108]Die Darstellung in Anhang kann entfallen, insofern die geforderten Daten im Lagebericht berichtet wurden.

[109]Vgl. VorstOG, Artikel 1-4 bzw. HGB § 285 und § 289.

Finanzinstrumenten, insbesondere Derivaten, dem Emittenten und der Bundesanstalt[110] innerhalb von fünf Werktagen mitzuteilen" (WpHG § 15a) haben. Diese werden auch unter dem Begriff Directors' Dealings zusammengefasst. Diese Meldungen werden in Form von Ad-hoc Meldungen bekannt gegeben.

2.3.4.2. USA

Die Rechnungslegung in den USA erfolgt nach den U.S. Generally Accepted Accounting Principles (US-GAAP). Diese sind allgemein anerkannte Rechnungslegungsnormen. Über die Einhaltung der Bestimmungen wacht die U.S. Securities and Exchange Commission (SEC). Neue Regelungen lässt die SEC durch das Financial Accounting Standards Board (FASB) entwickeln.[111]

Alle Unternehmen mit mehr als 10 Millionen US-Dollar in Wertpapieren, die von mehr als 500 Eigentümern gehalten werden, müssen Berichte an die SEC liefern, wobei die SEC Vorgaben zum Inhalt und zum Zeitpunkt macht.[112]

Generell sind die Regeln zur Offenlegung von Vorstandsvergütung unter Item 402 „Executive Compensation" in Part 229 der „Standard Instructions for Filing Forms under the Securities Act of 1933, Securities Exchange Act of 1934, and Energy Policy and Conservation Act of 1975", Regulation S-K genannt, zusammengefasst.

In Item 402 der Regulation S-K wird verlangt, dass jedwede Vergütung, geplant oder ungeplant, klar, präzise und verständlich personenbezogen offengelegt wird. Diese soll auch diskutiert und analysiert werden. Dabei werden sehr konkrete Vorgaben gemacht, so wird z. B. auch eine Tabelle vorgegeben, in der die Gehaltsbestandteile (Grundgehalt, Bonus, gewährte Aktien und Optionen, nichtaktienbasierte Pläne, Änderungen in Pensionsansprüchen und „nonqualified deferred compensation earnings" und weitere andere Entlohnung) für die letzten drei Jahre angegeben werden müssen. Die Offenlegung kann jedoch unterlassen werden, wenn eine Vorstandsvergütung weniger als 100.000 US-Dollar beträgt.[113]

Der SEC muss zum einen mit Proxy Statement (DEF 14A) (vgl. auch Abschnitt 2.3.2) unter Item 8 über „Compensation of directors and executive officers" berichtet werden, dabei sind auch Änderungen und Neuerungen mitzuteilen, die auf der Jahreshauptversammlung beschlossen werden sollen,[114] zum anderen muss in der · Form 10-K unter Item 11 jährlich über die Vergütung berichtet werden.[115] Da-

---

[110]Hiermit ist die Bundesanstalt für Finanzdienstleistungsaufsicht (BaFin) gemeint.

[111]Vgl. Coenenberg et al. (2009), S. 69-71.

[112]Vgl. SEC (2010).

[113]Vgl. Regulation S-K Item 402 „Executive compensation".

[114]Vgl. Part 240 „General Rules and Regulations, Securities Act of 1934", Schedule 14A: Information required in proxy statement.

[115]Vgl. Part 249: „Forms, Securities Exchange Act of 1934 Subpart D-Forms for Annual and Other Reports of Issuers Required Under Sections 13 and 15(d) of the Securities Exchange Act

bei wird in beiden Regelungen auf Item 402 verwiesen. Die Berichte sind beide öffentlich verfügbar.

Außerdem muss den Anteilseignern ein Annual Report vorgelegt werden.[116] Während in den beiden Dokumenten, die von der SEC gefordert werden (s. o.), die Offenlegung von Vergütung explizit geregelt ist, wird darauf in den Regelungen zum Annual Report nicht eingegangen. Ausgeführt wird jedoch, dass die Angabe von Informationen, die bereits in anderen Dokumenten an die SEC gegeben wurden, im Annual Report teilweise unterlassen werden können.[117]

Des Weiteren muss ebenfalls innerhalb von zwei Werktagen eine Mitteilung erfolgen, sobald von Managern Aktien gehandelt bzw. Optionen ausgeübt werden.[118]

2.3.4.3. Internationale Standards

Die internationale Rechnungslegung wird in den International Financial Reporting Standards (IFRS) bzw. in den International Accounting Standards (IAS) festgelegt. Mit den IFRS 2 wird seit 2005 die Bilanzierung von aktien(kurs)basierter Vergütung (z. B. Aktien, Aktienoptionen) international geregelt. So müssen diese umgehend mit ihrem Zeitwert in der Gewinn- und Verlustrechnung erfasst und in der Bilanz berücksichtigt werden.[119]

2.3.5. Implikationen für diese Arbeit

In Abschnitt 2.3.1 wurde zunächst gezeigt, dass die gängige Vergütungspraxis durch eine Vielzahl von Vergütungsinstrumenten geprägt ist. Es wurde veranschaulicht, dass der Anteil der variablen Entlohnung und auch die Vergütung insgesamt in den letzten Jahrzehnten zugenommen hat. Anhand der Vergütung der deutschen DAX 30 Unternehmen wurde illustriert, dass die gängige Praxis heterogen und komplex ist. Insbesondere am Beispiel der Vergütung des Vorstandsvorsitzenden der Allianz AG wurde die Komplexität der Vergütung veranschaulicht und damit verdeutlicht, dass die Anreizwirkung der Vergütung für einen Investor nicht einfach durchschaubar ist.

---

of 1934": 310 „Form 10K, for annual and transition reports pursuant to sections 13 or 15(d) of the Securities Exchange Act of 1934".

[116]Vgl. Part 240 „General Rules and regulations, securities exchange act of 1934": 14c-3 „Annual report to be furnished security holders".

[117]Vgl. Part 240 „General Rules and regulations, securities exchange act of 1934": 14a-3 „Information to be furnished to security holders" (b) (1)(11).

[118]Vgl. „Securities Exchange Act of 1934", Section 16: Directors, Officers, and Principal Stockholders bzw. die Erweiterungen durch den Sarbanes Oxley Act Section § 240.16a-3(g)(1).

[119]Vgl. IFRS 2.

In Abschnitt 2.3.2 wurden empirische Studien zum Zusammenhang zwischen Unternehmenserfolg und Managementvergütung vorgestellt. Dabei wurde der Zusammenhang aus zwei Perspektiven dargestellt.

Die erste Perspektive betrachtet (vgl. Abschnitt 2.3.2.3) die Abhängigkeit der Vergütung vom Unternehmenserfolg. Dabei ergibt ein Großteil der Studien, dass die Vergütung in den letzten Jahrzehnten stärker als früher auf eine Änderung des Unternehmenserfolgs reagiert.

Die zweite Perspektive untersucht die Kapitalmarktreaktionen auf Vergütung (vgl. Abschnitt 2.3.2.3). Dabei zeigt sich ein heterogenes Bild. Während nach vielen Studien die Einführung einer neuen Vergütungsform zu einer signifikanten Kapitalmarktreaktion führt, stellen andere Studien keine signifikante Reaktion fest. Jedoch belegen die Studien auch, dass zeitverzögert auf Vergütung und sogar auf die Gewährung von Aktienoptionen innerhalb bestehender Programme reagiert wird, obwohl im letzten Fall keine Kapitalmarktreaktion erwartet wird.

Um die gängige Vergütungspraxis zu erklären, wurden in Abschnitt 2.3.3 zwei Ansätze vorgestellt, die diese zu erklären suchen. Aus der Sicht des „Optimal Contracting View" werden Verträge im Sinne der Anteilseigner gestaltet und optimiert. Dem entgegen steht der „Managerial Power Approach". Vertreter dieses Ansatzes sind der Ansicht, dass die Manager Einfluss auf ihre eigene Vergütung nehmen und versuchen, diese möglichst intransparent zu gestalten, um die wahre Vergütung zu verschleiern. Zudem wird bezweifelt, dass Manager und Anteilseigner die wahren Kosten von bestimmten Vergütungsformen durchschauen.

Jedoch hat sich die Transparenz der Vergütung (Abschnitt 2.3.4) in den letzten Jahren durch gesetzliche Rahmenbedingungen verbessert. Dennoch lässt sich festhalten, dass die Vergütung weithin sehr komplex und die Anreizwirkung der unterschiedlichen Komponenten nicht sofort verständlich ist.

Eine empirische Überprüfung anhand realer Kapitalmarktdaten gestaltet sich schwierig. So ist eine Kategorisierung nach Komplexität bisher noch nicht vorgenommen worden und aus Sicht der Autorin dieser Arbeit schwer möglich. Zudem kann mittels empirischen Studien nur festgestellt werden, ob eine signifikante Kapitalmarktreaktion auf die Einführung neuer oder die Veränderung der Vergütungsinstrumente erfolgt. Jedoch wird hier keine Aussage darüber gemacht, in welcher Höhe sich eine neue Vergütungsform im Aktienkurs niederschlagen sollte. Außerdem können die Einflüsse weiterer Ereignisse nicht gänzlich ausgeschlossen werden. Zudem sind die individuellen Erwartungen der einzelnen Anleger nicht in einer empirischen Studie abfragbar.

Daher soll dieser Zusammenhang experimentell überprüft und folgende Forschungsfragen beantwortet werden:

1. Spiegeln die Erwartungen der Marktteilnehmer und die Marktpreise den intrinsischen Wert eines Wertpapiers tatsächlich wider, wenn die Handlungen des Agenten den Wert beeinflussen?

2. Hat die Komplexität der Entlohnung des Agenten Einfluss auf die Erwartungen der einzelnen Teilnehmer und auf die Preisbildung an Kapitalmärkten?

Bevor jedoch die Ergebnisse einer experimentellen Überprüfung berichtet werden, soll im folgenden Kapitel ein selektiver Überblick über Experimente zur Informationsverarbeitung an Kapitalmärkten gegeben werden.

3. Selektiver Überblick über Informationsverarbeitung auf experimentellen Kapitalmärkten

Die beiden zentralen Forschungsfragen dieser Arbeit, die im vorherigen Abschnitt wiederholt wurden, stellen implizit die Frage, ob Märkte hinsichtlich der Information über die Vergütung von Managern informationseffizient sind.

Anhand empirischer Kapitalmarktdaten sind direkte Tests der Informationseffizienz nicht bzw. kaum möglich. Insbesondere kann nicht überprüft werden, ob sich gemäß der Definition von Fama (1970) alle Informationen im Kurs widerspiegeln, da eine Vielzahl von Faktoren den Kurs beeinflusst. Es kann daher nicht ausgeschlossen werden, dass Kurse zwar Zufallspfaden folgen, ein Markt aber dennoch nicht informationseffizient ist.[1]

In einem Experiment hingegen kann der intrinsische Wert eines Wertpapiers anhand der zur Verfügung stehenden Informationen eindeutig berechnet werden.[2] Es kann genau festgelegt werden, welche Informationen ein Marktteilnehmer erhält und ebenso, welche Kommunikationsmöglichkeiten er mit anderen Marktteilnehmern hat. Daher kann auch überprüft werden, ob alle verfügbaren Informationen im Kurs widergespiegelt werden oder ob man durch den Erwerb von Informationen oder durch Informationsvorsprung (risikolos) Gewinne erzielen kann, indem der intrinsische Wert als Vergleichswert gegenüber dem Marktpreis herangezogen wird.

In den bisherigen Kapitalmarktexperimenten wird (nur) die Kapitalmarktreaktion auf Informationen über Dividenden bzw. über den intrinsischen Wert untersucht. Der Einfluss von Entscheidungen realer Personen innerhalb des Unternehmens findet keine Berücksichtigung. Ein Unternehmen wird somit, wie bei theoretischen Modellen zur Informationsverarbeitung an Kapitalmärkten (vgl. Abschnitt 2.2), als Black Box behandelt.

---

[1]Vgl. Sunder (1995), S. 446-447.
[2]Vgl. Abschnitt 2.2.

Abbildung 3.1 gibt einen Überblick über den reduzierten Bezugsrahmen.[3]

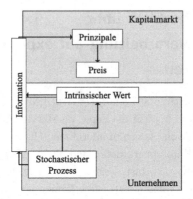

Abbildung 3.1.: Bezugsrahmen bei experimentellen Kapitalmärkten

Es gibt eine Vielzahl von Experimenten, die die Informationsverarbeitung auf Kapitalmärkten untersuchen. Auf einen umfassenden Überblick über Ergebnisse experimenteller Kapitalmärkte soll an dieser Stelle verzichtet werden, da dies den Rahmen dieser Arbeit sprengen würde.[4] Daher wird zunächst nur ein kurzer Überblick über begriffliche Grundlagen gegeben. Dabei wird auch auf Experimente verwiesen, die die vorgestellten Aspekte untersucht haben.

Im Anschluss werden Studien vorgestellt, deren Aufbau und Ergebnisse für das im anschließenden Kapitel dargestellte Experiment relevant sind. In diesem Experiment soll die Auswirkung von öffentlicher Information über Vergütung auf den Unternehmenswert und auf die individuellen Erwartungen der Marktteilnehmer untersucht werden. Daher werden Experimente vorgestellt, in denen alle Teilnehmer die gleichen Informationen erhalten und Schätzungen über den intrinsischen Endwert abgeben müssen. In den Studien werden Wertpapiere berücksichtigt, deren intrinsischer Wert bzw. deren Dividende für alle Marktteilnehmer gleich sind. Damit überprüfen alle Experimente implizit oder explizit das „No-Trade" Theorem bzw. die darauf aufbauenden Theorien, die heterogene Erwartungen berücksichtigen (vgl. Abschnitt 2.2.2.3).

---

[3]Vgl. auch 2.2

[4]Für einen Überblick vgl. z. B. Smith (1991), Friedman (1991), Davis/Holt (1993) Kap. 3,4; Sunder (1995), Plott/Smith (2008).

3.1. Grundlagen

Grundsätzlich prüfen Experimente zur Informationsverarbeitung auf experimentellen Kapitalmärkten direkt oder indirekt, ob Märkte informationseffizient sind. Allen Kapitalmarktexperimenten ist gemein, dass mehrere Teilnehmer nach festgelegten Regeln ein oder mehrere Wertpapiere an einem Kapitalmarkt handeln können. Darüber hinaus gibt es beim Design von Kapitalmarktexperimenten eine Vielzahl von Gestaltungsparametern. Wie ein Kapitalmarktexperiment konkret gestaltet wird, hängt insbesondere von den zu untersuchenden Forschungsfragen ab.

Ein Experiment besteht aus unterschiedlichen **Treatments**. In den Treatments werden die Versuchsbedingungen variiert. Die Ergebnisse der unterschiedlichen Treatments werden anschließend miteinander verglichen, um festzustellen, ob **Treatmenteffekte** vorliegen. Ein Treatment wird in mehreren **Sessions** wiederholt, um sicher zu gehen, dass die Ergebnisse nicht zufällig und die Treatmenteffekte robust sind. Dabei können die Treatments entweder mit unterschiedlichen Teilnehmern (**Between Subjects Design**) oder mit den gleichen Teilnehmern (**Within Subjects Design**) durchgeführt werden.[5]

Im Folgenden soll ein Überblick über den grundsätzlichen Ablauf eines Kapitalmarktexperiments gegeben werden. Dabei wird auch auf die Gestaltungsmöglichkeiten eingegangen, deren Kenntnis für die weiter unten zitierten Studien wie auch für die Beurteilung des in der vorliegenden Arbeit gewählten Designs relevant ist.[6]

Vor dem Beginn eines Kapitalmarktexperiments erhalten die Teilnehmer in der Regel Informationen darüber,...

... wie die Dividenden (der intrinsische Wert) des Wertpapiers bestimmt werden (wird),

... wie lange und wie häufig ein Wertpapier gehandelt werden kann,

... wie Wertpapiere gekauft/verkauft werden können und welche Regeln dabei beachtet werden müssen,

... welche Informationen über die Dividenden bzw. den intrinsischen Wert des Wertpapiers zu welchem Zeitpunkt bekannt gegeben werden,

... welche Aufgaben erfüllt werden müssen und

... wie sich die Entlohnung aus dem Experiment bestimmt.

---

[5]Vgl. Friedman/Sunder (1994).
[6]Die Elemente des Bezugsrahmens werden dabei kursiv geschrieben.

Im Anschluss werden zumeist einige Proberunden gespielt, damit sich die Marktteilnehmer mit dem Markt vertraut machen können. Danach beginnen die Handelsrunden, die sich auf die Entlohnung der Teilnehmer auswirken.

Im Folgenden soll detaillierter auf die Gestaltungsmöglichkeiten hinsichtlich der Bestimmung des *intrinsischen Werts* des Wertpapiers[7] eingegangen werden:

- Ein Wertpapier kann entweder **kurzlebig**[8] oder **langlebig**[9] sein. Ein kurzlebiges Wertpapier wird nur über wenige Runden gehandelt, und der intrinsische Wert des Wertpapiers wird nur durch eine Dividende bestimmt. Ein langlebiges Wertpapier hingegen wird über mehrere Runden gehandelt, der intrinsische Wert ergibt sich aus mehreren Dividenden. In diesem Fall wird der Bargeld- und der Wertpapierbestand über mehrere Runden übertragen.

- Wenn das Wertpapier langlebig ist, können die **Dividenden** entweder **ausgeschüttet**[10] oder **thesauriert**[11] werden. Im ersten Falle sinkt der Wert des Wertpapiers bei endlicher Zahl von Runden über die Zeit, im zweiten nicht.

- Auf einem experimentellen Markt können **ein** Wertpapier oder **mehrere** Wertpapiere gehandelt werden.

- Der intrinsische Wert kann entweder **deterministisch** oder **stochastisch** festgelegt werden.

Die Gestaltung des *Kapitalmarktes* ist eine weitere wichtige Designentscheidung. Dabei gibt es drei Möglichkeiten, den Handel zu gestalten:

- Die Marktteilnehmer können direkt miteinander handeln.[12]

- Die Angebote laufen über einen realen Aktionator und sind ihm zuzurufen oder verdeckt abzugeben.[13]

- Angebote können über eine Computerplattform abgegeben werden.[14]

Zumeist findet der Handel über eine Computerplattform statt. Dabei sind grundsätzlich zwei Formen möglich. Angebote können entweder **öffentlich** oder **verdeckt** abgegeben werden:

---

[7]Es werden für jede Gestaltungsmöglichkeit Experimente zitiert, in denen diese verwendet wurden.
[8]Vgl. z. B. Forsythe/Lundholm (1990), Copeland/Friedman (1991).
[9]Vgl. z. B. Smith et al. (1988), Gillette et al. (1999).
[10]Vgl. z. B. Smith et al. (1988).
[11]Vgl. z. B. Gillette et al. (1999).
[12]Vgl. Chamberlin (1948).
[13]Vgl. z. B. Smith (1962).
[14]Vgl. z. B. Smith et al. (1988), Gillette et al. (1999).

• Bei einer **öffentlichen zweiseitigen Auktion** besteht kontinuierlich die Möglichkeit, Kauf- und Verkaufsangebote abzugeben und Angebote anderer Teilnehmer anzunehmen (Continuous Double Auction).

• Bei einer **verdeckten Auktion** werden die Angebote verdeckt abgegeben und gesammelt. Danach wird nach vorgegebenen Regeln ein Marktpreis errechnet (Clearing House).[15]

Dabei müssen auch Handelsregeln festgelegt werden, so z. B., ob Aktien leerverkauft werden können oder ob eine Kreditaufnahme möglich ist.

Die folgenden Designentscheidungen sind insbesondere von den Forschungsfragen abhängig, die mit dem Experiment beantwortet werden sollen:

Es ist festzulegen, welche *Informationen* den Marktteilnehmern zur Verfügung stehen.

• So muss entschieden werden, welche Informationen **öffentlich**[16] sind und allen Teilnehmern vorliegen und welche Informationen **privat**[17] sind und nur bestimmten Teilnehmern mitgeteilt werden.

• Des Weiteren muss festgelegt werden, zu welchem Zeitpunkt die Marktteilnehmer (neue) Informationen über die Dividenden und Umweltentwicklungen erhalten, die den intrinsischen Wert des Wertpapiers beeinflussen.

Außerdem müssen die Aufgaben der Marktteilnehmer festgelegt werden. So können diese unterschiedliche Rollen haben, z. B. könnten sie nur als Käufer oder Verkäufer oder auch in beiden Rollen agieren[18]. Ihnen sind möglicherweise bestimmte Vorgaben zu machen, z. B. eine bestimmte Anzahl von Aktien zu verkaufen/kaufen[19]. Außerdem kann danach differenziert werden, ob Teilnehmer unerfahren oder erfahren sind, d. h. ob sie schon an einem Marktexperiment teilgenommen haben.

Die Entlohnung erfolgt in der Regel anhand der erzielten Handelsgewinne, d. h. die Summe aus Gegenwert der Wertpapiere und „Bargeld" wird nach Ablauf des Experiments herangezogen, um diese zu berechnen.

Im folgenden Abschnitt werden ausgewählte Studien zur Informationsverarbeitung dargestellt.

---

[15]Hier gibt es eine Vielzahl von Variationen, auf die an dieser Stelle nicht Bezug genommen wird. Einen Überblick über Auktionsformen und experimentelle Ergebnisse geben z. B. Friedman/Cassar (2004) S. 92-102. Für eine Übersicht über Auktionsformen allgemein vgl. z. B. Klemperer (2004).

[16]Vgl. z. B. Gillette et al. (1999).

[17]Vgl. z. B. Forsythe et al. (1982), Forsythe/Lundholm (1990).

[18]Vgl. z. B. Smith et al. (1988), Gillette et al. (1999).

[19]Vgl. z. B. Bloomfield et al. (2009).

3.2. Verarbeitung öffentlicher Informationen: Diskussion ausgewählter Studien

3.2.1. Hintergrund der Studien

Theoretische Grundlage für die Informationsverarbeitung auf Kapitalmärkten sind die Theorien, die in Abschnitt 2.2 vorgestellt wurden. So testen alle Experimente implizit oder explizit, ob die Märkte informationseffizient sind (vgl. Abschnitt 2.2.1). Des Weiteren wird überprüft, ob Rationalität als „common knowledge" angenommen werden kann und ob das „No-Trade"-Theorem zutrifft (Abschnitt 2.2.2.1).[20]

Eine wichtige Motivation für alle vorgestellten Experimente sind die Ergebnisse empirischer Studien, die die Kursreaktionen auf die Veröffentlichung von Unternehmensgewinnen untersuchen. Während frühe Studien[21] ergeben, dass die Preise schnell auf die neue Information reagieren, zeigen spätere Studien einen „post-earnings-announcement drift"[22]: Zunächst wird auf die Information unterreagiert, und diese wird erst nach mehreren Wochen in den Preisen widergespiegelt.[23]

Andere Autoren[24] wiederum stellen eine Überreaktion auf neue Informationen fest, so zum Beispiel Thomas/Zhang (2008) eine Kapitalmarktüberreaktion auf Gewinnveröffentlichungen von unterschiedlichen Unternehmen eines Industriezweiges. Ihre Ergebnisse zeigen, dass nicht nur der Aktienkurs eines Unternehmens, das seine Gewinnzahlen früh veröffentlicht, auf die Information reagiert, sondern dass auch die Aktienkurse von Unternehmen dieses Industriezweigs reagieren, obwohl diese Unternehmen noch keine Gewinninformationen veröffentlicht haben. Diese Reaktion ist jedoch negativ korreliert mit der Kapitalmarktreaktion, die auf die spätere Veröffentlichung der eigenen Gewinnzahlen eines dieser Unternehmen erfolgt. Laut Thomas/Zhang (2008) zeigt dies, dass der Kapitalmarkt die Bedeutung der Gewinninformationen über das eine Unternehmen für die anderen Unternehmen des gleichen Industriezweiges überschätzt und dass dies korrigiert wird, sobald die anderen Unternehmen ihren Gewinn veröffentlichen. Wie bereits im vorherigen Kapitel ausgeführt, können in einer empirischen Studie nicht die Erwartungen der einzelnen Marktteilnehmer erhoben werden.

Auch Kapitalmarktexperimente zeigen widersprüchliche Ergebnisse hinsichtlich der Informationseffizienz von Märkten. Gillette et al. (1999) fassen zusammen, dass

---

[20]Vgl. Gillette et al. (1999), S. 442-443.

[21]Vgl. z. B. Patell/Wolfson (1984).

[22]Vgl. z. B. Bernard/Thomas (1990), Abarbanell/Bernard (1992).

[23]Dies wird auch anhand des Erfolgs von sogenannten Momentum Strategien gezeigt (vgl. z. B. Jegadeesh/Titman (1993)).

[24]Vgl. z. B. DeBondt/Thaler (1987).

die Experimente zur Informationsverarbeitung an Kapitalmärkten die empirischen Ergebnisse nur teilweise stützen. Märkte für kurzlebige Aktien waren zumeist informationseffizient und spiegelten somit den intrinsischen Wert der Aktien wider. Jedoch wurden für langlebige Aktien Über- und Unterreaktionen festgestellt, die zu Preisblasen und auch zum Zusammenbrechen des Marktes führten. In diesen Experimenten wurden jedoch nicht die Erwartungen der Teilnehmer über den intrinsischen Endwert der Aktie erhoben.[25]

Des Weiteren stellen Autoren, die „nur" die individuellen Reaktionen von Experimentteilnehmern auf Informationen untersuchen, fest, dass Experimentteilnehmer ihre Erwartungen nicht immer rational anpassen und die Tendenz haben, Informationen und ihr eigenes Wissen zu überschätzen.[26] Insbesondere zeigen die Experimente von Griffin/Tversky (1992), dass Individuen auf zuverlässige Information unter- und auf unzuverlässige Informationen überreagieren.

Daher weichen Modelle in Behavioral Finance[27] von den Rationalitätsannahmen bezüglich des Verhaltens eines einzelnen Investors ab und nehmen an, dass Investoren ein übersteigertes Vertrauen in ihre Fähigkeiten haben und daher die Nützlichkeit von Informationen systematisch fehleinschätzen. Dieser Annahme folgend werden in den Modellen Fehlreaktionen auf Informationen vorhergesagt.[28]

Ausgehend von diesen Ergebnisse entwickeln die im Folgenden vorgestellten Studien ihre Forschungsfragen. Alle Studien untersuchen u. a., inwiefern auf Informationen über- bzw. unterreagiert wird und wie sich eventuelle Verzerrungen in den individuellen Erwartungen der Teilnehmer hinsichtlich des Endwertes der Aktie in den Preisen widerspiegeln.

3.2.2. Gillette et al. (1999)

3.2.2.1. Ziel der Studie

Gillette et al. (1999) untersuchen in ihrem Experiment, wie Experimentteilnehmer auf die Veröffentlichung einer Information reagieren und ob sich diese in den Marktpreisen und dem Handelsvolumen einer langlebigen Aktie niederschlägt. Da alle Teilnehmer die gleiche Information erhalten, überprüfen Gillette et al. (1999) mit ihrem Design, ob das „No-Trade" Theorem bestätigt werden kann.[29] Außerdem vergleichen sie unterschiedliche Handelsinstitutionen: Öffentliche zweiseitige versus verdeckte Auktion mit Clearing House. Schließlich wird auch der Einfluss der Erfahrung von Marktteilnehmern untersucht.

---

[25]Vgl. Gillette et al. (1999), S. 441-444.
[26]Vgl. z. B. Lichtenstein/Fischhoff (1977), Griffin/Tversky (1992), Maines/Hand (1996).
[27]Für einen Überblick über Behavioral Finance vgl. Barberis/Thaler (2005).
[28]Vgl. z. B. Odean (1998) und Bloomfield et al. (2000), S. 116 für weitere Literaturnachweise.
[29]Vgl Abschnitt 2.2.2.1.

3.2.2.2. Design

Jeder Teilnehmer des Experiments nahm an bis zu drei Sitzungen teil. Zunächst hatten die Teilnehmer nur die Aufgabe, den intrinsischen Wert einer Aktie zu schätzen. Es gab noch keine Möglichkeit die Aktie zu handeln.

In einer zweiten Sitzung konnten Teilnehmer, die bereits an der ersten Sitzung teilgenommen hatten, neben den Schätzungen des intrinsischen Wertes zusätzlich eine langlebige Aktie über 15 Runden handeln.[30] Der intrinsische Endwert der Aktie (s. u.) wurde genauso wie bei der ersten Sitzung bestimmt.

Schließlich fand eine dritte Sitzung statt, an der Teilnehmer, die bereits an den vorherigen Sitzungen teilgenommen hatten, nochmals Schätzungen abgeben sollten und wiederum Aktien handeln konnten.

Dabei gab es bei der zweiten und dritten Sitzung sowohl Märkte, auf denen computergestützte öffentliche zweiseitige Auktionen (DA) stattfanden, als auch Märkte mit verdeckten Auktionen (CH). Hiermit sollte die Frage beantwortet werden, ob die Handelsinstitution Einfluss auf die Preisbildung hat.

Mittels der Ergebnisse der dritten Sitzung (wiederholtes Handeln von Aktien) sollte der Einfluss der Erfahrung der Teilnehmer untersucht werden.

Das intrinsische Wert der Aktie wurde durch fünf zufällige öffentliche Ziehungen mit Zurücklegen aus einer Urne und somit stochastisch bestimmt. Die Urne enthielt farblich unterschiedliche Pokerchips. Jede Farbe stand für einen bestimmten Wert. Die Summe der Gegenwerte der gezogenen Pokerchips bestimmte den intrinsischen Wert der Aktie. Dabei war den Teilnehmern die Wahrscheinlichkeitsverteilung der Pokerchips bekannt.

Der Ablauf einer Handelsrunde war wie folgt: (1) Die Teilnehmer mussten ihre Schätzung über den intrinsischen Endwert der Aktie abgeben. (2) Danach konnten sie die Aktie für 120 Sekunden handeln (DA) bzw. ihre Angebote abgeben (CH).[31] (3) Danach wurde der Markt geschlossen und gegebenenfalls der „Clearing Price" errechnet, und die Aktien wurden dementsprechend verteilt. (4) Nach jeder dritten Runde erfolgte eine Dividendenrealisation.

In allen Sitzungen erhielten die Teilnehmer eine Entlohnung für ihre Schätzgenauigkeit[32], in der zweiten und dritten Sitzung zusätzlich den Endwert der nach

---

[30]An einer Marktsession nahmen 9 bis 15 Marktteilnehmer teil.

[31]Alle Teilnehmer hatten die gleiche Anfangsausstattung: acht Dollar in „Bargeld" und vier Aktien.

[32]Gemessen an der absoluten Differenz aus Schätzung einer Runde und tatsächlichem Endwert.

der letzten Runde gehaltenen Aktien[33] und ihren Bargeldbestand umgerechnet in Dollar. Das Geld wurde ihnen nach Ablauf der letzten Handelsrunde ausbezahlt.[34] Insgesamt nahmen 101 Studenten der Indiana University, die Wirtschaftswissenschaften studierten, an der ersten Sitzung teil. Sie wurden in acht Gruppen eingeteilt. Mit 96 dieser Teilnehmer wurden in der zweiten Sitzung acht Märkte durchgeführt. Auf fünf dieser Märkte wurde mittels einer verdeckten Auktion (CH) gehandelt und auf den drei übrigen Märkten mittels einer öffentlichen, zweiseitigen Auktion (DA). An der dritten Sitzung nahmen letztlich noch 55 der bisherigen Teilnehmer teil. Sie wurden auf fünf Märkte aufgeteilt, davon drei Märkte, auf denen mittels einer verdeckten, und zwei, auf denen mittels einer öffentlichen zweiseitigen Auktion gehandelt wurde.

3.2.2.3. Ergebnisse

Mittels der erhobenen Daten über die individuellen Schätzungen wird festgestellt, dass ein Großteil der Teilnehmer den intrinsischen Wert der Aktie richtig schätzt, es jedoch eine Tendenz zu Unterreaktion auf neue Information gibt. Zudem unterscheiden sich einzelne individuelle Schätzungen signifikant vom intrinsischen Endwert. Der Zusammenhang zwischen Schätzungen (Änderung der Schätzungen) und erwartetem Endwert (Änderung des erwarteten Endwerts) ist zwar signifikant, jedoch lassen sich die Schätzungen nicht gänzlich durch den erwarteten intrinsischen Endwert erklären.[35]

Mittels der Ergebnisse von der zweiten und der dritten Sitzung wird jedoch festgestellt, dass die Marktpreise[36] noch stärker als die Schätzungen auf neue Informationen unterreagieren.[37]

Des Weiteren werden der Einfluss der Handelsinstitution und der Erfahrung der Marktteilnehmer auf den Preis untersucht. Dabei stellen Gillette et al. (1999) zunächst nur einen signifikant positiven Einfluss der Handelsinstitution fest. Die Preise sind höher, wenn die Aktien mittels einer verdeckten Auktion (CH) gehandelt werden.[38]

Daher erklären Gillette et al. (1999) die Preise im Rahmen einer multiplen Regression mittels der durchschnittlichen Schätzung der Runde, des Preises der vor-

---

[33]Dieser ergab sich aus der Anzahl der gehaltenen Aktien multipliziert mit dem Endwert einer Aktie.

[34]Vgl. Gillette et al. (1999) S. 444-447.

[35]Vgl. Gillette et al. (1999) S. 448-451.

[36]Dabei bezieht sich der Preis immer auf den Preis zu dem die letzte Aktie der Runde gehandelt wurde.

[37]Vgl. Gillette et al. (1999) S. 451-458.

[38]Vgl. Gillette et al. (1999) S. 451-452.

herigen Runde, der Handelsinstitution und der Erfahrung der Teilnehmer. Die Ergebnisse zeigen laut Gillette et al. (1999), dass beide Handelsformen zu ähnlichen Preisanpassungen führen, sich jedoch die Anpassungsprozesse unterscheiden. Sie stellen einen signifikant positiven Einfluss der Erfahrung auf den Anpassungsprozess fest.[39]

Über 43 % der gehandelten Aktien werden nicht in Übereinstimmung mit den Schätzungen der jeweiligen Marktteilnehmer gehandelt. Gillette et al. (1999) sehen als eine mögliche Erklärung, dass dies aus spekulativen Gründen erfolgt. Des Weiteren zeigt sich, dass Marktteilnehmer, deren Schätzung weniger stark vom erwarteten intrinsischen Endwert abweicht, mit dem Handel am Markt mehr verdienen als der Durchschnitt.[40]

Schließlich wird das Marktvolumen untersucht. Es wird versucht, durch folgende Faktoren zu erklären: Änderung der durchschnittlichen Schätzung von Runde zu Runde, Streuung der Schätzung der Teilnehmer eines Marktes, Anzahl der verbleibenden Ziehungen (um den Einfluss der abnehmenden Unsicherheit des Ergebnisses zu messen) und wiederum die Handelsinstitution sowie die Erfahrung der Marktteilnehmer. Gillette et al. (1999) stellen fest, dass die Änderung der durchschnittlichen Schätzung einen signifikant positiven Einfluss auf das Volumen hat und die Streuung der Schätzungen im Gegensatz zu ihrer Vermutung einen signifikant negativen. Übereinstimmend mit ihrer Vorhersage hat die Anzahl der verbleibenden Ziehungen einen signifikant positiven Einfluss auf das Handelsvolumen. Die Handelsinstitution hat in diesem Fall einen signifikanten Einfluss, bei einer verdeckten Auktion wird weniger gehandelt. Für Erfahrung stellen sie einen positiven, jedoch nicht signifikanten Einfluss fest.

Insgesamt finden Gillette et al. (1999) keine unterstützende Evidenz für das „No-Trade" Theorem. Sie führen dies darauf zurück, dass durch die heterogenen Erwartungen über das Verhalten der anderen Marktteilnehmer heterogene Preiserwartungen entstehen und dass dies zu spekulativem Handel führt.

3.2.3. Bloomfield et al. (2000)

3.2.3.1. Ziel der Studie

Ziel der Studie von Bloomfield et al. (2000) ist ein Test des Zusammenhangs zwischen Fehlbewertungen am Kapitalmarkt und individuellen Fehleinschätzungen der Güte von Informationen durch die Kapitalmarktteilnehmer. Die Autoren prägen hierzu den Begriff der moderated confidence: Sie stellen die Hypothese auf und

---

[39]Vgl. Gillette et al. (1999) S. 453-456.
[40]Vgl. Gillette et al. (1999) S. 459-460.

testen diese im Experiment, dass die subjektive Wahrnehmung der Güte einer verfügbaren Information „zur Mitte" verzerrt ist: Ist die Information tatsächlich wenig verlässlich, wird ihre Güte überschätzt, ist sie dagegen sehr verlässlich, wird ihre Güte unterschätzt. Als Folge dieser „moderated confidence", d. h. der durch die Tendenz zur Mitte beeinflussten Einschätzung der Güte einer Information, kommt es am Kapitalmarkt zu Unterreaktionen auf verlässliche und zu Überreaktionen auf wenig verlässliche Informationen.

3.2.3.2. Design

Um diese Hypothese zu testen, gestalteten Bloomfield et al. (2000) einen Kapitalmarktzusammenhang, in dem kurzlebige Aktien gehandelt werden konnten, für die Informationen unterschiedlicher Güte vorlagen. Die Information, die alle Marktteilnehmer erhielten, bestand in einer Urne, in der zwei Sorten unterschiedliche Münzen lagen: „Kopfmünzen" und „Zahlmünzen". Kopfmünzen zeigten mit 60 % Wahrscheinlichkeit Kopf, Zahlmünzen nur mit 40 % Wahrscheinlichkeit Kopf.

Alle Münzen stammten aus einer Grundgesamtheit, in der gleich viele Kopf- und Zahlmünzen vorhanden waren, somit betrug der Erwartungswert 50 % bzw. der erwartete intrinsische Aktienwert 50. Dies war den Teilnehmer von Anfang an bekannt, jedoch wussten die Teilnehmer vor der ersten Handelsrunde nicht, wie häufig die Münzen in der Urne geworfen wurden und wie häufig Kopf und Zahl vorgekommen waren.

Nach der ersten Handelsrunde erhielten die Teilnehmer die Information, wie oft die Münzen der Urne geworfen worden waren und wie oft sie dabei Kopf gezeigt hatten. Die Teilnehmer wussten allerdings nicht, *welche* Münzen aus der Grundgesamtheit gezogen, geworfen und dann in die Urne gelegt worden waren. Die Urne, die den Marktteilnehmern gezeigt wurde, enthielt Münzen, die bei wiederholtem Werfen eine bestimmte Anzahl Kopf bzw. Zahl gezeigt hatten. Dabei entsprach die tatsächliche Anzahl der Kopfmünzen in der Urne in Prozent dem Wert der betreffenden Aktie.

Beispielsweise wurde den Teilnehmern eine Urne gezeigt, in der sich ausschließlich Münzen befanden, die bei dreimaligem Wurf zwei Mal Kopf und ein Mal Zahl zeigten. In diesem Fall konnte es der Zufall wollen, dass ausschließlich Zahlmünzen in der Urne enthalten waren und dennoch jede einzelne dieser Münzen zwei Mal Kopf und ein Mal Zahl bei drei Würfen zeigte. Waren also im Beispiel tatsächlich ausschließlich Zahlmünzen in der Urne gelandet, so war der Wert der Aktie 0. Im Beispiel werden die Marktteilnehmer als Bayes-rationale Entscheider jedoch davon ausgehen, dass mehr Kopfmünzen als Zahlmünzen in der Urne liegen, da häufiger Kopf fiel, das Ereignis, das für die Kopfmünzen wahrscheinlicher ist.

Wie erläutert ging es Bloomfield et al. (2000) darum, Überreaktionen auf unzuverlässige und Unterreaktionen auf zuverlässige Informationen zu testen. Zu diesem Zweck wurde zunächst die Häufigkeit variiert, mit der die Münzen geworfen wurden: Die Anzahl der Würfe betrug entweder 3 oder 17. Für die Teilnehmer hieß das: Erhielten sie die Information, dass in der Urne ausschließlich Münzen lagen, die bei drei Würfen zwei Mal Kopf gezeigt hatten, so war diese Information weit weniger zuverlässig als die vergleichbare Information, in der Urne wären ausschließlich Münzen, die bei 17 Würfen 11 Mal (also ca. bei 2/3 der Würfe) Kopf gezeigt hatten. Aus letzterer konnten sie sehr viel genauer auf die Zusammensetzung der Urne und damit auf den Aktienwert schließen, als bei dreimaligem Werfen.[41]

Die Aufgabe jedes Teilnehmers bestand nun darin zu schätzen, wie viele Kopfmünzen in der ihm gezeigten Urne lagen, und die Aktie auf einem Markt zu handeln, an dem noch zwei weitere Händler teilnahmen.

Im Folgenden wird der Ablauf des Aktienhandels beschrieben:[42] (1) Die Teilnehmer mussten den intrinsischen Wert der Aktie schätzen und (2) angeben, zu welchem Preis (Reservationspreis) sie wie viele Aktien kaufen oder verkaufen wollten.[43] (3) Danach wurde der Marktpreis errechnet und den Teilnehmern mitgeteilt (verdeckte Auktion). Darüber hinaus wurde ihnen individuell mitgeteilt, wie viele Aktien sie zu diesem Preis ge- oder verkauft hatten, die Anzahl der insgesamt gehandelten Aktien und ihren derzeitigen Bestand an Aktien und Bargeld. (4) Nach der ersten Runde erhielten die Teilnehmer die Information über die Anzahl und den Ausgang der Münzwürfe. Danach konnte die Aktie noch drei Mal gehandelt werden.[44] Im Anschluss erfuhren die Teilnehmer den tatsächlichen intrinsischen Wert der Aktie, also den tatsächlichen prozentualen Anteil der Kopfmünzen in der Urne. Dieser Ablauf wurde für mehrere Aktien wiederholt, wobei für jede Aktie eine neue Urne Verwendung fand.

Erst nach Ablauf der letzten Handelsrunde erfuhren die Marktteilnehmer, welchen Gewinn sie durch Handel erzielt hatten. In Abhängigkeit von ihrem erzielten Gewinn erhielten die Teilnehmer eine Entlohnung[45], für die Schätzungen gab es keine Entlohnung.

---

[41]Der Bayes-rationale Schätzwert beträgt 60 % bei dreimaligem Werfen und zweimal Kopf, hingegen 88 % bei 17-maligem Werfen und 11 mal Kopf (vgl. Bloomfield et al. (2000) S. 120).

[42]Hierbei handelt es sich um die für die Teilnehmer zahlungsrelevanten Runden. Zuvor waren zwei Aktien zur Probe gehandelt worden, damit sich die Teilnehmer mit dem Handel am Markt vertraut machen konnten.

[43]Die Teilnehmer besaßen vor dem ersten Handel weder „Bargeld" noch Aktien. Sie konnten jedoch Kredit aufnehmen bzw. Aktien leerverkaufen.

[44]Vgl. Bloomfield et al. (2000), S. 119-122.

[45]Dazu wurden die Gewinne/Verlust zu einem Basisbetrag hinzuaddiert bzw. abgezogen.

In einem ersten Experiment konnten fünf Aktien hintereinander gehandelt werden, wobei jeweils für drei Aktien eine zuverlässige und für zwei Aktien eine unzuverlässige Information vorlag („within-subjects" Design).[46]

In einem zweiten Experiment nahmen Teilnehmer des ersten Experiments teil. Es wurde untersucht, ob „moderated confidence" bestehen bleibt, wenn erfahrene Teilnehmer *gleichzeitig* eine zuverlässige und eine unzuverlässige Information erhielten, wobei bezüglich des intrinsischen Wertes eine der Informationen positiv und die andere negativ war. Eine positive Information war dadurch gekennzeichnet, dass mehr als 50 % der Münzwürfe Kopf gezeigt hatten, eine negative, wenn die Münzwürfe weniger als 50 % Kopf gezeigt hatten.[47] Der intrinsische Wert der Aktie ergab sich in diesem Fall aus dem Durchschnitt des Wertes der beiden Urnen. Ansonsten entsprach der Ablauf des Experiments dem obigen Experiment, insgesamt konnten sechs Aktien hintereinander gehandelt werden.[48]

Insgesamt nahmen 27 MBA Studenten der Cornell Graduate School of Management an den Experimenten teil. Wie bereits oben erläutert, waren die Teilnehmer zu Gruppen von drei Teilnehmern zusammengefasst.

3.2.3.3. Ergebnisse

Zunächst wurden die Märkte beider Experimente auf mittelstrenge Informationseffizienz getestet, d. h. ob sich mittels öffentlich verfügbarer Informationen Gewinne erzielen lassen. Dies könnte der Fall sein, wenn die Informationen nicht vollständig im Kurs widergespiegelt werden.

Um das erste Experiment auszuwerten, wurde der Gewinn errechnet, der erzielt werden könnte, wenn eine Aktie nach dem Bekanntwerden einer positiven Information (mehr Kopf als Zahl) verkauft bzw. nach dem Bekanntwerden einer negativen Information (weniger Kopf als Zahl) gekauft werden würde.

Die Gewinne, die mit dieser „konträren Strategie" zu erzielen wären, wurden mittels dreier unterschiedlicher Marktpreise für die letzte Runde errechnet, nämlich ein fiktiver Marktpreis zuerst anhand der Schätzungen, dann anhand der angegebenen Reservationspreise und schließlich anhand der tatsächlichen Marktpreise.

Ergibt sich aus dieser Strategie ein positiver Wert, liegt eine Überreaktion vor. D. h. wurde zum Beispiel auf eine positive Information von den Marktteilnehmern überreagiert, würde nach dieser Strategie die Aktie zu einem höheren Preis als dem intrinsischen Wert verkauft und damit ein Gewinn erzielt. Ergibt sich hingegen ein Verlust, liegt eine Unterreaktion vor.[49]

---

[46]Vgl. Bloomfield et al. (2000), S. 119-122.
[47]Vgl. Bloomfield et al. (2000), S. 120-121.
[48]Vgl. Bloomfield et al. (2000), S. 126-128.
[49]Vgl. Bloomfield et al. (2000), S. 122-126.

Anhand der Ergebnisse des ersten Experiments wurde festgestellt, dass die Markt-teilnehmer auf Informationen mit hoher Zuverlässigkeit (viele Münzwürfe) signifi-kant unterreagieren, dies gilt sowohl für die Schätzungen der Teilnehmer, die Re-servationspreise als auch für die Marktpreise. Außerdem wird auf extreme Informa-tionen (besonders viel oder wenig Kopf) stärker reagiert. Jedoch stellen Bloomfield et al. (2000) für Informationen mit niedriger Zuverlässigkeit (wenige Münzwürfe) nur eine signifikante Überreaktion in den Schätzungen der Teilnehmer fest.[50]

Auch die Märkte des zweiten Experiments wurden mittels einer Strategie auf Informationseffizienz getestet, für die anhand der (fiktiven) Preise der Gewinn er-mittelt wird: Wenn eine negative Information mit niedriger Zuverlässigkeit (drei Münzwürfe) gemeinsam mit einer positiven Information (mehr Kopf als Zahl) mit hoher Zuverlässigkeit (17 Münzwürfe) auftrat, wurde eine Aktie gekauft. Im um-gekehrten Fall (positive Information mit niedriger Zuverlässigkeit gemeinsam mit einer negativen Information mit hoher Zuverlässigkeit) wurde eine Aktie verkauft.

Mit dieser Strategie ließen sich wiederum signifikante Gewinne - ermittelt anhand der oben genannten drei Preise - erzielen. Da die Informationen gegensätzlich sind, d. h. die eine Information lässt auf einen hohen intrinsischen Wert der Aktie schlie-ßen, die andere auf einen niedrigen intrinsischen Wert, sei es laut Bloomfield et al. (2000) schwierig zwischen Über- und Unterreaktion zu unterscheiden. Sie können jedoch anhand ihrer Ergebnisse zeigen, dass Märkte auf zuverlässige Informatio-nen unterreagieren. Diese Ergebnisse stützen somit die Annahme, das „moderated confidence" auch bestehen bleibt, wenn die Teilnehmer bereits mit dem Handel vertraut sind.[51]

Um auf schwache Informationseffizienz zu prüfen, wurde eine weitere Handels-strategie definiert. Bei dieser Strategie wird mittels folgender Heuristik gehandelt: Es wird eine Aktie gekauft, wenn der Preis kleiner als der Erwartungswert, bzw. eine Aktie verkauft, wenn der der Preis größer als der Erwartungswert ist.

Mit dieser Strategie ließe sich ebenfalls ein signifikanter Gewinn erzielen. Dies zeige, dass hohe Preise zu hoch bzw. niedrige Preise zu niedrig sind und dass damit auf Informationen überreagiert wird.

Dies widerspricht den obigen Ausführungen, jedoch führen Bloomfield et al. (2000) es darauf zurück, dass auf die zuverlässigeren Informationen falsch reagiert werden würde.[52]

Die Ergebnisse zeigen, dass abhängig davon, welche Form der Informationseffizi-enz geprüft wird, unterschiedliche Ergebnisse vorliegen können.

---

[50]Vgl. Bloomfield et al. (2000), S. 122-126.
[51]Vgl. Bloomfield et al. (2000), S. 128-129.
[52]Vgl. Bloomfield et al. (2000), S. 129-130.

3.2.4. Nosic/Weber (2009)

3.2.4.1. Ziel der Studie

Nosic/Weber (2009) gehen ebenfalls der Frage nach, wie die Erwartungen der Marktteilnehmer und die Preise auf positive bzw. negative Informationen, die mit Noise behaftet sind, reagieren. Dabei untersuchen sie den Einfluss von Informationen über zwei miteinander korrelierter Aktien. Ziel der Studie ist, die Frage zu überprüfen, inwiefern individuelle Verzerrungen in den Schätzungen der Preise in den Marktpreisen bestehen bleiben.

3.2.4.2. Design

Die Teilnehmer erhielten Informationen über zwei miteinander korrelierte Aktien (G und H), konnten aber nur Aktie H handeln. Nach einer ersten Handelsrunde erhielten sie neue Informationen über Aktie G und handelten erneut Aktie H.

Die Teilnehmer erhielten in dem Experiment folgende Informationen über den Wert[53] der Aktie: Zunächst wurde ihnen vor dem ersten Handel der Aktie eine Graphik mit der Wertentwicklung der beiden Aktien G und H für die letzten sechs Monate gezeigt. Es wurde mitgeteilt, dass sich die zukünftige Wertänderung beider Aktien aus zwei Komponenten zusammensetze, die jeweils normalverteilt seien. Die eine Komponente war dabei firmenspezifisch und pro Aktie unterschiedlich, die andere Komponente war industriespezifisch und damit beiden Aktien gemein. Nach der ersten Handelsrunde erhielten die Teilnehmer eine Übersicht über die Wertentwicklung der Aktie G in den nächsten sechs Monaten.

Die Teilnehmer hatten zwei Aufgaben: Sie mussten vor der ersten Handelsrunde und vor der zweiten Handelsrunde eine Schätzung über den zukünftigen Wert von Aktie H abgeben. Außerdem konnten sie die Aktie H während der beiden Handelsrunden kaufen bzw. verkaufen.[54]

Der Ablauf des Handels einer Aktie wird noch einmal detailliert erläutert: (1) Die Teilnehmer erhielten die Information über die beiden Aktien (G und H). (2) Sie mussten eine Schätzung über den zukünftigen Wert der Aktie H und ein 95 % Konfidenzintervall für ihre Schätzung angeben sowie (3) die Aktie H für 120 Sekunden handeln[55]. (4) Danach erhielten sie Informationen über die Wertentwicklung von G und (5) mussten erneut eine Schätzung bezüglich H und ein 95 % Konfidenzintervall für diese Schätzung angeben. (6) Schließlich konnten sie erneut die Aktie H

---

[53]Nosic/Weber (2009) verwenden den Begriff Preis, da dieser „Preis" jedoch nicht von den Experimentteilnehmern beeinflusst werden kann, wird im Folgenden der Begriff Wert verwendet.

[54]Vgl. Nosic/Weber (2009), S. 13-15.

[55]Alle Teilnehmer hatten die gleiche Anfangsausstattung von 5 Aktien und 1500 Geldeinheiten Bargeld.

für 120 Sekunden handeln und (7) erfuhren im Anschluss den tatsächlichen Wert der Aktie H. Insgesamt wurde dieser Ablauf noch sieben Mal wiederholt, wobei sich die Kurse für G und H jedoch von den vorherigen unterschieden. Die Teilnehmer wurden am Handelsgewinn und an dem Wert der gehaltenen Aktien jeweils nach Ablauf der zweiten Handelsrunde beteiligt. In der Summe waren sie daher am Ergebnis von acht „Runden" beteiligt.

An dem Experiment nahmen insgesamt 101 Studenten der Universität Mannheim teil. Diese waren auf insgesamt 13 Sessions aufgeteilt, somit handelten an einem Markt sechs bis acht Teilnehmer.

3.2.4.3. Ergebnisse

Insgesamt stellen Nosic/Weber (2009) eine signifikante Überreaktion der Schätzungen der Teilnehmer auf Informationen fest. Die Marktpreise zeigen ebenfalls eine signifikante Überreaktion, diese Reaktion ist teilweise sogar stärker als die Überreaktion der Schätzungen der Teilnehmer.[56]

Ein Lerneffekt kann nicht festgestellt werden, die Überreaktion wird im Zeitablauf nicht geringer, sondern bleibt bestehen. Dies gilt sowohl für die Schätzungen als auch für die Marktpreise.[57]

Weiterhin soll der Einfluss der Heterogenität der Erwartungen auf das Handelsvolumen untersucht werden. Dazu werden mittels einer multiplen Regression folgende Einflussfaktoren untersucht: Zuerst drei Maße, die die Heterogenität der Schätzungen[58] berücksichtigen, außerdem wird die Differenz der Risikoaversion der Marktteilnehmer einer Session als Einflussfaktor untersucht. Die Risikoaversion ergibt sich aus der Differenz aus minimaler und maximaler Risikoaversion[59]. Es wird vermutet, dass diese Faktoren einen signifikant positiven Einfluss auf das Handelsvolumen haben.

Entgegen dieser Vermutung findet sich kein signifikanter Einfluss der Differenz der Risikoaversion, während sich für alle drei Maße der Heterogenität der Schätzungen ein signifikant positiver Einfluss auf das Handelsvolumen bzw. die Änderung des Handelsvolumen zeigen lässt. Somit belegen die Ergebnisse von Nosic/Weber (2009) einen positiven Zusammenhang zwischen „differences of opinion" (vgl. Abschnitt 2.2.2.3) und Handelsvolumen.[60]

---

[56]Vgl. Nosic/Weber (2009), S. 17-21.

[57]Vgl. Nosic/Weber (2009), S. 21-23.

[58](1) Unterschied in den Schätzungen (gemessen als Differenz aus optimistischster und pessimistischster Schätzung), (2) die Standardabweichung der Schätzungen und (3) die Änderung der Streuung der Schätzungen.

[59]Die Risikoaversion wird anhand einer Likertskala mit 1 = hohe Risikoaversion bzw. 5 = niedrige Risikoaversion erhoben.

[60]Vgl. Nosic/Weber (2009), S. 23-25.

3.3. Diskussion der Ergebnisse und Implikationen für diese Arbeit

Die vorgestellten Experimente testeten die Vorhersagen der Theorien zur Informationsverarbeitung an Kapitalmärkten (vgl. Abschnitt 2.2).

In dem Experiment von Gillette et al. (1999) erhielten alle Teilnehmer die gleichen öffentlichen Informationen über die Berechnung des intrinsischen Wertes der Aktie und sahen die gleichen Dividendenrealisationen. Unter den theoretischen Vorhersagen sollte in diesem Fall kein Handel stattfinden und somit das „No-Trade" Theorem (vgl. Abschnitt 2.2.2.1) zutreffen. Die Ergebnisse zeigen jedoch, dass Handel stattfand und sowohl die Schätzung der Marktteilnehmer als auch die Preise auf neue Information unterreagierten. Ihre Ergebnisse lassen sich eher durch die Theorien zum spekulativen Handel (vgl. Abschnitt 2.2.2.2) erklären, da Teilnehmer auch Aktien unter dem Wert ihrer eigenen Schätzung verkauften. Ebenso zeigen die Ergebnisse, dass die Teilnehmer heterogene Erwartungen haben und dies mit den theoretischen Überlegungen von Varian (1989) und auch Harris/Raviv (1993) (vgl. Abschnitt 2.2.2.3) übereinstimmt.

Bloomfield et al. (2000) überprüfen explizit schwache und mittelstrenge Informationseffizienz (vgl. Abschnitt 2.2.1), indem sie testen, ob sich mittels Handelsstrategien, die auf historischen Kursen bzw. veröffentlichter Information beruhen, signifikante Gewinne erzielen lassen. Sie stellen dabei fest, dass beide Stufen der Informationseffizienz verletzt werden und somit Aktienkurse auf dem betrachteten Kapitalmarkt nicht Zufallspfaden folgen.

In den Experimenten von Bloomfield et al. (2000) und Nosic/Weber (2009) erhielten alle Teilnehmer die gleichen Informationen, jedoch waren diese im Gegensatz zum Experiment von Gillette et al. (1999) nicht zuverlässig, sondern mit Noise behaftet. Daher waren die Teilnehmer unterschiedlicher Meinung, wie diese Informationen zu bewerten sind. Dies zeigte sich in heterogenen Erwartungen, die jedoch entgegen theoretischer Vorhersagen nicht vom Markt aufgehoben werden und sich in den Preisen widerspiegeln.

Eines ist all den im vorangehenden Abschnitt vorgestellten Experimenten gemein: Die Informationen, die verarbeitet werden sollten, waren exogen bestimmt. So wurde von der Experimentleitung vorgegeben, wie sich der intrinsische Wert der Aktie errechnet.

Jedoch wird an realen Märkten - wie bereits in Abschnitt 2.3 erläutert - der intrinsische Wert maßgeblich von Managern beeinflusst. Die Informationen über den intrinsischen Wert beziehen sich somit auch auf Managerentscheidungen, die von Marktteilnehmern verarbeitet werden.

Daher stellt sich die Frage, ob die Einführung eines Managers in einem Kapitalmarktexperiment (zusätzlich) Einfluss auf die Erwartungen der Teilnehmer und die Preise nimmt und welchen Einfluss die Entlohnung des Managers hat.

Diese Lücke soll mit der vorliegenden Arbeit geschlossen werden. So soll experimentell untersucht werden, ob die Unsicherheit über die tatsächliche Entscheidung eines Managers Einfluss auf die Erwartungen der Anleger und auf die Kapitalmarktpreise hat.

Dies führt zu den beiden Forschungsfragen (vgl. Abschnitt 1):

1. Spiegeln Marktpreise den intrinsischen Wert eines Wertpapiers tatsächlich wider, wenn die Handlungen des Agenten den Wert beeinflussen?

2. Hat die Komplexität der Entlohnung des Agenten Einfluss auf die Erwartungen der einzelnen Teilnehmer und auf die Preisbildung an Kapitalmärkten?

4. Experiment Design

4.1. Überblick

Das Experimentdesign wird ausgehend von dem Bezugsrahmen (vgl. Abschnitt 2.1) entwickelt. In dem Experiment gibt es einen Manager eines Unternehmens, der eine Alternative wählt, die den intrinsischen Wert des Unternehmens bzw. der Aktien des Unternehmens beeinflusst. In dem Experiment wird diese Alternativenwahl auf zwei Alternativen eingeschränkt. Der intrinsische Endwert der Aktien ergibt sich aus der Summe der Rückflüsse, die durch die gewählte Alternative bestimmt werden, da die Rückflüsse (Dividenden) thesauriert und erst nach der letzten Runde ausgeschüttet werden. Der Manager wird abhängig vom intrinsischen Endwert der Aktie entlohnt. Im Experiment werden zwei mögliche Vergütungen berücksichtigt: Zum einen ein einfaches, zum anderen ein komplexes Entlohnungsschema. Beide sind in Abhängigkeit vom intrinsischen Endwert des Unternehmens gestaltet.

Aktien des Unternehmens können auf einem Markt gehandelt werden. Teilnehmer in der Rolle von Investoren erhalten Informationen über die möglichen Investitionsalternativen und das Anreizsystem des Managers. Außerdem sehen sie im Verlauf des Experiments die Dividendenrealisation. Die Investoren müssen Schätzungen über den intrinsischen Wert abgeben, für deren Akkuratheit sie eine Entlohnung erhalten. Des Weiteren können sie die langlebigen Aktien des Unternehmens handeln.

Um die Forschungsfragen zu beantworten, wird die Information, die die Marktteilnehmer über die Entscheidung und Entlohnung des Managers erhalten, variiert. Um die erste Forschungsfrage zu beantworten, ob *Marktpreise den intrinsischen Wert eines Wertpapiers tatsächlich widerspiegeln, wenn die Handlungen des Managers den intrinsischen Wert beeinflussen*, wird zwischen **bekannter** und **unbekannter Entscheidung** des Managers unterschieden.

Um die zweite Forschungsfrage nach *dem Einfluss der Komplexität* zu beantworten, werden die Ergebnisse bei **einfacher** mit den Ergebnissen bei **komplexer Entlohnung** verglichen. Damit handelt es sich um ein sogenanntes **between subjects nested** Design mit drei Treatments.

Der Ablauf des Experiments gestaltete sich wie folgt: Zuerst wählten die Experimentteilnehmer in der Rolle der Manager vor der Durchführung aller Markt Sessions eine der beiden verfügbaren Alternativen und mit ihr den stochastischen

Prozess für die Dividenden. Dieser wurde durch einen Beutel, der unterschiedliche Kugeln enthielt, repräsentiert. Ziehungen aus dem gewählten Beutel bestimmten die Dividenden.

Danach nahmen die Experimentteilnehmer in der Rolle der Investoren (bzw. im Folgenden Marktteilnehmer) an einer Markt Session teil. Dabei fand der Handel mittels einer Computerplattform statt. Alle Markt Sessions hatten den gleichen Ablauf. (1) Die Marktteilnehmer mussten den intrinsischen Endwert einer Aktie schätzen, und (2) je zehn Marktteilnehmer pro Markt konnten das Wertpapier für 180 Sekunden mittels einer öffentlichen zweiseitigen Auktion handeln. (3) Es wurde eine zufällige Ziehung mit Zurücklegen durch den stochastischen Prozess, den der Manager gewählt hatte, realisiert. Dieser Ablauf wurde zehn Mal wiederholt. Vor der ersten Runde erhielten alle Marktteilnehmer die gleiche Anfangsausstattung an Wertpapieren und Bargeld. Alle Werte im Experiment wurden in Talern angegeben, wobei 120 Taler einem Euro entsprachen.

Die Teilnehmer waren Osnabrücker Studierende und wurden über die Anmeldeplattform ORSEE[1] rekrutiert. Insgesamt nahmen 182 Personen an dem Experiment teil. Das Experiment wurde mittels der Experimenttsoftware SoPHIE[2] in einem Computerraum des wirtschaftswissenschaftlichen Fachbereichs der Universität Osnabrück im Sommer 2009 durchgeführt.

4.2. Entscheidungssituation des Managers

4.2.1. Aufgabe

In dem Experiment musste eine Person in der Rolle des Managers eine von zwei Alternativen wählen. Den Managern war bei ihrer Entscheidung bekannt, dass ihre Wahl den intrinsischen Endwert einer von anderen Experimentteilnehmern gehandelten Aktie und somit die Entlohnung der Teilnehmer beeinflusst.

Um ihre Anonymität zu gewährleisten, trafen die Teilnehmer in der Funktion des Managers ihre Entscheidung vor dem eigentlichen Experiment. Manager und Marktteilnehmer hatten keinen Kontakt zueinander.

Stellvertretend für die Menge an Investitionsalternativen A (vgl. Abschnitt 2.1) standen zwei Alternativen, die von zwei Beuteln (A und B) repräsentiert wurden. Die Beutel enthielten unterschiedliche Mengen von roten und blauen Kugeln, wobei

---

[1]Vgl. Greiner (2004)
[2]Vgl. Hendriks (2011)

rote Kugeln eine Dividende von $d^{rot} = 0$ Talern und blaue Kugeln einen Dividende von $d^{blau} = 10$ Talern repräsentierten. Damit galt:

$$d\epsilon\{0; 10\} \tag{4.1}$$

Ziehungen aus dem gewählten Beutel simulierten den stochastischen Prozess und bestimmten den intrinsischen Wert der Aktie. Somit symbolisierte ein Kugelzug eine Dividende (d), die thesauriert wurde. Nach jedem Zug legte die Experimentleitung die Kugeln in den Beutel zurück, damit die Ziehungen unabhängig voneinander waren.

4.2.2. Investitionsalternativen

Der intrinsische Wert des Wertpapiers wurde durch Ziehen mit Zurücklegen aus dem gewählten Beutel festgelegt. Insgesamt erfolgten zehn Ziehungen aus dem Beutel. Der erwartete intrinsische Wert einer Aktie in $t = 0$, d. h. vor der ersten Ziehung, betrug somit das Zehnfache der erwarteten Dividende pro Runde. Die Ziehungen aus dem Beutel erfolgten in Gegenwart der Marktteilnehmer.

Für Beutel A galt: Blaue Kugeln konnten mit der Wahrscheinlichkeit $w_A^{blau} = 0,5$ gezogen werden. Die Wahrscheinlichkeit für rote Kugeln betrug $w_A^{rot} = 1 - w_A^{blau} = 0,5$. Die erwartete Dividende $E(\tilde{d}|A)$ betrug damit:

$$
\begin{aligned}
E(\tilde{d}|A) &= w_A^{blau} \cdot d^{blau} + (1 - w_A^{blau}) \cdot d^{rot} \\
&= 0,5 \cdot 10 = 5
\end{aligned}
\tag{4.2}
$$

Darüber hinaus gab es in jeder Runde eine sichere Zahlung $z_A = 4$. Somit konnte der erwartete intrinsische Wert vor der ersten Dividendenrealisation $E_0(\tilde{x}|A)$ berechnet werden:

$$
\begin{aligned}
E_0(\tilde{x}|A) &= T \cdot (E(\tilde{d}|A) + z_A) \\
&= 10 \cdot (0,5 \cdot 10 + 4) = 90
\end{aligned}
\tag{4.3}
$$

Der erwartete intrinsische Wert für eine Ziehung aus Beutel B konnte analog zu Beutel A berechnet werden: Eine blaue Kugel wurde mit der Wahrscheinlichkeit $w_B^{blau} = 0,7$, eine rote Kugel mit der Wahrscheinlichkeit $w_B^{rot} = 1 - w_B^{blau} = 0,3$ gezogen. Die erwartete Dividende $E(\tilde{d}|B)$ betrug damit:

$$
\begin{aligned}
E(\tilde{d}|B) &= w_B^{blau} \cdot d^{blau} + (1 - w_B^{blau}) \cdot d^{rot} \\
&= 0,7 \cdot 10 = 7
\end{aligned}
\tag{4.4}
$$

Die sichere Zahlung war in diesem Fall $z_B = 0$. Somit betrug der erwartete Wert $E_0(\tilde{x}|B)$:

$$
\begin{aligned}
E_0(\tilde{x}|B) &= T \cdot (E(\tilde{d}|B) + z_B) \\
&= 10 \cdot (0,7 \cdot 10) = 70
\end{aligned}
\tag{4.5}
$$

Nachdem alle Ziehungen erfolgt waren, ergab sich der intrinsische Endwert der Aktie als Summe aller realisierten Dividendenziehungen:

$$
x_T = \sum_{i=1}^{T} d_i + T \cdot z
\tag{4.6}
$$

Die Abbildungen 4.1 und 4.2 zeigen den Inhalt der Beutel.

Abbildung 4.1.: Inhalt Beutel A **Abbildung 4.2.:** Inhalt Beutel B

Tabelle 4.1 fasst die Informationen über die beiden Beutel zusammen.

Tabelle 4.1.: Zur Auswahl stehende Beutel

	w^{rot}	w^{blau}	$E(\tilde{d})$	z	$E_0(\tilde{x})$
Beutel A	0,5	0,5	5	4	90
Beutel B	0,3	0,7	7	0	70

Die intrinsischen Werte waren für beide Alternativen binomialverteilt.

Abbildung 4.3 zeigt die kumulierten Wahrscheinlichkeiten für die möglichen intrinsischen Werte, die sich aus Ziehungen aus Beutel A und B ergeben können. Sie zeigt, dass für jeden intrinsischen Wert x die kumulierte Wahrscheinlichkeit für Beutel A kleiner ist als für Beutel B, d. h. Beutel B wird von Beutel A im Sinne der stochastischen Dominanz erster Ordnung dominiert.

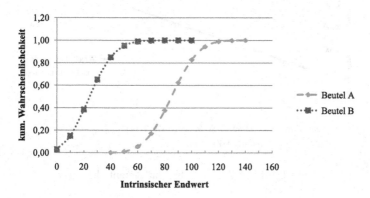

Abbildung 4.3.: Kumulierte Wahrscheinlichkeiten der intrinsischen Werte

4.2.3. Entlohnung

Der Manager wurde in der Experimentwährung Taler wie folgt entlohnt: Unabhängig von seiner Entscheidung erhielt er pro Runde 100 Taler als Grundgehalt, d. h. über zehn Runden erhielt er 1000 Taler.

Bei einfacher Entlohnung bekam der Manager zehn Mal den tatsächlichen intrinsischen Endwert einer Aktie. Die folgende Gleichung zeigt den Erwartungswert bei einfacher Entlohnung $E(V_2(\tilde{x}))$:

$$E(V_2(\tilde{x})) = 10 \cdot E(\tilde{x}) + 1000 \qquad (4.7)$$

Bei komplexer Entlohnung erhielt der Manager 5 Mal den tatsächlichen intrinsischen Endwert einer Aktie zuzüglich 250 Taler, wenn der intrinsische Endwert pro Aktie 50 überstieg, und weitere 250 Taler, wenn der intrinsische Endwert pro Aktie 70 überstieg. Die folgende Gleichung zeigt den Erwartungswert bei komplexer Entlohnung $E(V_3(\tilde{x}))$:

$$E(V_3(\tilde{x})) = 5 \cdot E(\tilde{x}) + 250 \cdot w(x > 50) + 250 \cdot w(x > 70) + 1000 \qquad (4.8)$$

Abbildung 4.4 zeigt die mögliche Entlohnung des Managers in Abhängigkeit vom intrinsischen Endwert. Es wird ersichtlich, dass die einfache Entlohnung linear und die komplexe Entlohnung stufenweise linear ist.

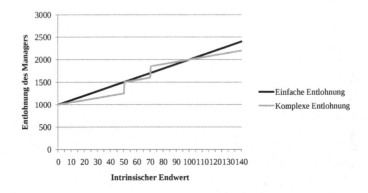

Abbildung 4.4.: Mögliche Managerentlohnung

Beide Entlohnungsfunktionen waren so gestaltet, dass der Manager seine Entlohnung maximierte, wenn er den intrinsischen Endwert der Aktie maximierte. D. h., dass auch bezüglich der Entlohnungen stochastische Dominanz bestand: Beutel A dominierte aus Sicht der Manager Beutel B. Ein rationaler Manager wählt also Beutel A. Mithin bestand Zielkongruenz und für die Investoren aus rationaler Sicht keinerlei Anlass zu vermuten, der Manager könnte Beutel B gewählt haben.

4.2.4. Teilnehmer und Entscheidungen

Insgesamt gab es zwei Teilnehmer in der Rolle des Managers. Die eine Person traf die Entscheidung für die einfache Entlohnung, die andere Person diejenige für die komplexe Entlohnung. Beide Teilnehmer wählten Beutel A. Für die Berechnung ihrer Entlohnung wurde zufällig eine der Sessions gewählt, für die die Manager die Wahl getroffen hatten.

4.3. Treatment Design

4.3.1. Treatment Variablen

Im Folgenden wird das Treatmentdesign detailliert erläutert. Um die Forschungsfragen zu untersuchen, unterschieden sich die Informationen, die die Teilnehmer über den Manager und seine Entlohnung erhielten, je Treatment.

Forschungsfrage 1 (*Spiegeln Marktpreise den intrinsischen Wert eines Wertpapiers tatsächlich wider, wenn die Handlungen des Agenten den Wert beeinflussen?*) wurde untersucht, indem den Teilnehmern in einem Treatment (T1) die Entscheidung des Managers und in zwei weiteren Treatments (T2 und T3) nur das Entlohnungsschema bekannt gegeben wurde.[3] Die Treatmentvariable war somit **bekannte** versus **unbekannte Entscheidung** des Managers.

Um Forschungsfrage 2 (*Hat die Komplexität der Entlohnung des Agenten Einfluss auf die Erwartungen der einzelnen Teilnehmer und auf die Preisbildung an Kapitalmärkten?*) zu beantworten, werden die Ergebnisse bei einfacher Entlohnung des Managers (T2) mit den Ergebnissen bei komplexer Entlohnung (T3) verglichen. Als zweite Treatmentvariable wurde daher die **Komplexität der Entlohnung** durch den Vergleich einer **einfachen** mit einer **komplexen Entlohnung** untersucht.

Abbildung 4.5 gibt einen Überblick über die Treatmentvariablen und die daraus resultierenden Treatments. In Treatment 1 war die **Managerentscheidung bekannt**. Dieses Treatment diente als Vergleichstreatment und schloss an die in Abschnitt 3.2 vorgestellten Experimente an. Treatment 2 berücksichtigte eine **einfache Entlohnungsstruktur**, Treatment 3 eine **komplizierte**.

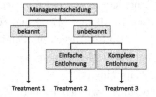

Abbildung 4.5.: Überblick über Treatmentvariablen

Dabei nahmen die Marktteilnehmer nur an einem der drei Treatments teil, insofern lag ein between subjects nested Design vor.

---

[3]Den Teilnehmern in Treatment 1 wurde entsprechend mitgeteilt, dass Beutel A vorliegt.

4.3.2. Experimentdurchführung

Insgesamt fanden neun Sessions statt, pro Treatment wurden drei Sessions durchgeführt. An jeder Session nahmen 20 Teilnehmer teil, die zufällig auf zwei Märkte aufgeteilt wurden. Eine Session dauerte circa 120 Minuten. Alle Teilnehmer nahmen nur an einer Session teil und waren während der gesamten Session dem gleichen Markt zugeordnet. Somit sahen alle Teilnehmer einer Session die gleichen Kugelzüge. Den Teilnehmern wurde während des Experimentes ein Taschenrechner zur Verfügung gestellt.

Die folgenden Ergebnisse (vgl. Abschnitt 6) basieren auf den Daten von 150 Teilnehmern und 5 Märkten pro Treatment.[4] Tabelle 4.2 gibt einen Überblick über die Anzahl der Märkte und Teilnehmer, deren Daten für die Auswertung verwendet wurden.

Tabelle 4.2.: Anzahl der Märkte und Teilnehmer pro Treatment

	T1	T2	T3	Summe
Anzahl Märkte	5	5	5	15
Anzahl Teilnehmer	50	50	50	150

Die Marktteilnehmer erzielten im Durchschnitt eine Entlohnung von 18,61 Euro (Minimum: 9,13; Maximum: 25,02)[5].

61 % der Teilnehmer studierten Wirtschaftswissenschaften im Haupt-, 4 % im Nebenfach. Die übrigen Teilnehmer kamen aus anderen Fachbereichen der Universität Osnabrück. Insgesamt nahmen 70 Männer (47 %) und 80 Frauen (53 %) teil. Die Teilnehmer gaben in einem am Bildschirm auszufüllenden Fragebogen (vgl. Anhang C) nach dem Experiment in der Mehrzahl an, sie hätten wenig Erfahrung mit dem Handel von Aktien am Kapitalmarkt.[6]

Vor dem eigentlichen Experiment wurden Proberunden durchgeführt, um den Teilnehmern Gelegenheit zu geben, sich mit dem Handel vertraut zu machen. Daher liegen pro Person zehn Schätzungen für die Hauptrunden und drei Schätzungen für die Proberunden vor. Die Teilnehmer gaben in den Hauptrunden 4308 Verkaufsangebote und 4216 Kaufangebote ab. Daraus resultierten 2099 Preisbeobachtungen, dies entspricht der Anzahl der gehandelten Aktien.

---

[4]Je Treatment wurde ein Markt ausgeschlossen, vgl. hierzu Anhang A.1.
[5]Es wurden ihnen mindestens 5 Euro für ihre Teilnahme garantiert.
[6]Vgl. hierzu Anhang C.

4.4. Ablauf der Experimentrunden und Aufgaben der Marktteilnehmer

4.4.1. Ablauf der Experimentrunden

Vor Beginn des Experiments wurde den Teilnehmern der erste Teil der Instruktion in gedruckter Form ausgeteilt (vgl. Abschnitt B) und durch die Experimentleitung vorgelesen. Das Handelssystem wurde dabei anhand eines Screenshots erläutert. Die Teilnehmer hatten jederzeit die Möglichkeit, Fragen zu stellen.

Zunächst wurde den Teilnehmern der Ablauf des Experiments erklärt und zunächst nur erläutert, dass der intrinsische Wert der Aktie durch Zufallsziehungen aus einem Beutel realisiert wird, der bereits gewählt und bekannt war. Es wurde detailliert erläutert, wie der intrinsische Erwartungswert[7] vor der ersten Runde berechnet und nach den Kugelzügen neu berechnet werden kann. Weiterhin wurde erklärt, dass die Unsicherheit über den intrinsischen Endwert im Zeitablauf abnimmt, da mit jeder Ziehung ein zusätzlicher Bestandteil des intrinsischen Endwerts sicher wird.

Für die Proberunden wurde ein Beutel verwendet, in dem sich 60 rote und 40 blaue Kugeln befanden. Auch hier hatten rote Kugeln einen Wert von $d^{rot} = 0$ Talern und blaue Kugeln einen Wert von $d^{blau} = 10$ Talern. Hinzu kam eine sichere Zahlung von $z_P = 2$ Talern, somit war nach zehn Dividendenziehungen ein intrinsischer Wert von $E_0(\tilde{x}|P) = 10 \cdot (0,4 \cdot 10 + 2) = 60$ Talern zu erwarten. Dieser Beutel diente dazu, die Teilnehmer mit dem Handel am Markt und der Abgabe von Schätzungen vertraut zu machen.

Im Anschluss wurde das Experiment in einem Computerraum durchgeführt. Die Teilnehmer waren durch einen Sichtschutz voneinander separiert, um ihre Anonymität zu gewährleisten.

Die Teilnehmer erhielten zufällig einen Code, mit dem sie sich in das Computersystem einloggen konnten.

Eine Marktrunde hatte den folgenden Ablauf:

1. Die Teilnehmer mussten eine Schätzung über den intrinsischen Endwert der Aktie abgeben.

2. Danach konnten die Teilnehmer die Aktie für 180 Sekunden handeln.

3. Im Anschluss wurde aus dem Beutel eine Kugel durch die Experimentleitung gezogen, den Teilnehmern gezeigt und wieder zurückgelegt.

---

[7]Dabei wurde nicht der Begriff intrinsischer Erwartungswert verwendet, sondern der Begriff „erwartete Summe der 10 Gewinne".

Insgesamt spielten die Teilnehmer drei Proberunden. Nach der dritten Runde wurden die übrigen sieben Kugeln gezogen. Danach erfuhren die Teilnehmer, welche Entlohnung sie aus den Schätzungen und welche Entlohnung sie als Gegenwert für die gehaltenen Aktien und ihr Bargeld erhalten hätten. Die Proberunden hatten jedoch keinen Einfluss auf die Entlohnung. Danach wurde der Aktienbestand und Kontostand wieder auf die Anfangswerte zurückgesetzt.

Nach Abschluss der Proberunden erhielten die Teilnehmer den zweiten Teil der Instruktionen, diese wurden ihnen wiederum laut vorgelesen.

Die Teilnehmer erfuhren nun, dass zwei Beutel zur Auswahl standen und erhielten detaillierte Informationen zum Inhalt der Beutel und zum erwarteten intrinsischen Endwert je Beutel. Im Anschluss wurde ihnen mitgeteilt, dass einer der beiden Beutel von einem Entscheidungsträger (so wurde der Manager im Experiment genannt) im Vorhinein gewählt wurde, und dass dieser Manager nicht anwesend wäre, um seine Anonymität zu gewährleisten.

Schließlich wurde den Teilnehmern die Entlohnung des Managers erläutert. Man teilte ihnen auch mit, dass die Entlohnung des Managers nicht ihren eigenen Gewinn mindere, da diese von der Experimentleitung gezahlt werden würde.

Danach unterschieden sich je Treatment die Informationen, die die Teilnehmer über die Entscheidung des Managers bzw. Entscheidungsträgers erhielten.

Den Teilnehmern wurde in Abhängigkeit des Treatments mitgeteilt,...

- Treatment 1:... dass der Manager Beutel A gewählt hat.

- Treatment 2:... dass der Manager zehn Mal den Gegenwert des intrinsischen Endwerts erhält.

- Treatment 3:... dass der Manager 5 Mal den Gegenwert des intrinsischen Endwerts erhält und darüber hinaus 250 Taler, wenn der intrinsische Endwert mehr als 50 beträgt und weitere 250 Taler, wenn er mehr als 70 beträgt.

Nach dem Vorlesen der Instruktionen wurden die zehn Hauptrunden gespielt. Sie folgten einem ähnlichen Ablauf wie die Proberunden:

1. Die Teilnehmer mussten eine Schätzung über den intrinsischen Endwert der Aktie und gegebenenfalls über die Beutelwahl des Managers abgeben.

2. Danach konnten die Teilnehmer die Aktie für 180 Sekunden handeln.

3. Im Anschluss wurde aus dem durch den Manager gewählten Beutel eine Kugel durch die Experimentleitung gezogen, den Teilnehmern gezeigt und wieder zurückgelegt.

Nach Abschluss aller Handelsrunden wurde den Teilnehmern der Inhalt der Beutel gezeigt und sie erfuhren, welchen Verdienst sie aus dem Experiment erzielt hatten. Schließlich sollten die Marktteilnehmer einen Fragebogen ausfüllen, der Fragen zu ihrer Risikoaversion und zu ihren Handelsmotiven enthielt. Darüber hinaus mussten persönliche Angaben gemacht werden. (Vgl. Anhang C.)

4.4.2. Aufgaben der Marktteilnehmer

Die Teilnehmer an dem Experiment hatten zwei Aufgaben, sie sollten zum einen den intrinsischen Endwert einer Aktie schätzen, zum anderen konnten sie die Aktie auf einem Markt handeln. Dabei konnten sie während der Handelszeit sowohl Kauf- als auch Verkaufsangebote machen.[8]

Während des Experiments mussten die Teilnehmer vor jeder Handelsrunde folgende Angaben machen:

1. Welcher Beutel (A oder B) ihrer Meinung nach gewählt wurde.

2. Wie sicher sie sich wären, dass ihre Einschätzung in 1. richtig sei (Skala 1-7), wobei 1 für unsicher und 7 für sehr sicher stand.

3. Welchen intrinsischen Wert die Aktie am Ende haben werde.

Die ersten beiden Punkte entfielen bei Treatment 1, da die Beutelwahl bereits bekannt war. Die Teilnehmer erhielten für ihre Schätzungen eine Entlohnung in Abhängigkeit von ihrer Schätzgenauigkeit. Wie diese berechnet wurde, wird in Abschnitt 4.5 erläutert.

Zu Beginn der ersten Handelsrunde erhielt jeder Teilnehmer zehn Aktien (n_{g0}) und 1000 Taler Bargeld (B_{g0}). Somit war es jedem Teilnehmer möglich, Aktien zu handeln. Nach Ablauf der letzten Handelsrunde erhielt jeder Marktteilnehmer eine Entlohnung für den Handel am Markt (Y_g^m), die sich aus dem intrinsischen Endwert der gehaltenen Aktien (n_{gT}) und dem Bargeldendbestand (B_{gT}) zusammensetzte.

$$Y_g^m = x_T \cdot n_{gT} + B_{gT} \qquad (4.9)$$

Zusätzlich erhielten die Teilnehmer ihre Entlohnung aus den Schätzungen, die im Folgenden erläutert werden soll.

---

[8]Die Handelsregeln werden weiter unten erklärt.

4.5. Schätzungen

Wie bereits oben dargestellt, sollten die Marktteilnehmer angeben, welchen Beutel der Manager gewählt habe (in T2 und T3) und eine Schätzung über den intrinsischen Endwert abgeben.

4.5.1. Berechnung des intrinsischen Wertes bei Sicherheit über die Alternativenwahl

Wenn die Teilnehmer die Entlohnungsfunktion des Managers durchschauten und sicher waren, dass er Beutel A gewählt hat, konnten sie den erwarteten intrinsischen Wert, wie in Gleichung 4.3 erläutert, berechnen. Der intrinsische Erwartungswert betrug dann:

$$E_0(\tilde{x}|A) = 10 \cdot (E(\tilde{d}|A) + z_A) = 90 \tag{4.10}$$

Nach der ersten Ziehung konnte erneut der intrinsische Erwartungswert berechnet werden:

$$E_1(\tilde{x}|A) = d_1 + 9 \cdot E(\tilde{d}|A) + 10 \cdot z_A \tag{4.11}$$

Verallgemeinert ließ sich der erwartete intrinsische Endwert wie folgt berechnen:

$$E_t(\tilde{x}|A) = \sum_{i=1}^{t} d_i + (T - t) \cdot E(\tilde{d}|A) + 10 \cdot z_A \tag{4.12}$$

4.5.2. Berechnung des intrinsischen Wertes bei Unsicherheit über die Alternativenwahl

Wenn sich ein Marktteilnehmer g nicht sicher war, welche Wahl der Manager getroffen hatte, musste er entscheiden, für wie wahrscheinlich er die Wahl von Beutel A hielt (w_{g0}), und dann seinen subjektiven Erwartungswert wie folgt berechnen:

$$\begin{aligned} E_{g0}(\tilde{x}) \;=\; & w_{g0} \cdot [T \cdot E(\tilde{d}|A) + T \cdot z_A] \\ & + (1 - w_{g0}) \cdot [T \cdot E(\tilde{d}|B) + T \cdot z_B] \end{aligned} \tag{4.13}$$

Nach der ersten Ziehung musste die Berechnung des intrinsischen Erwartungswertes erneut durchgeführt werden:

$$\begin{aligned} E_{g1}(\tilde{x}) = d_1 \;+\; & w_{g1} \cdot [(T - 1)E(\tilde{d}|A) + T \cdot z_A] \\ + \; & (1 - w_{g1}) \cdot [(T - 1)E(\tilde{d}|B) + T \cdot z_B] \end{aligned} \tag{4.14}$$

Dabei wird w_{g1} nach dem Satz von Bayes berechnet:

$$w_{g1} = w_{gt}(A|d_1) = \frac{w(d|A) \cdot w_{g0}}{w_{g1}(d_1)},$$

$$w(d|A) = w_A^{blau} = \frac{1}{2} \text{ für alle Runden } t = 1, ..., 10 \qquad (4.15)$$

Die Wahrscheinlichkeit für $w_{g1}(d_1)$ ergibt sich je nach der realisierten Dividende in $t = 1$:

$$w_{g1}(d_1) = \begin{cases} 0,5 \cdot w_{g0} + 0,7 \cdot (1 - w_{g0}) \text{ für } d_1 = 10 \text{ (blaue Kugel)} \\ 0,5 \cdot w_{g0} + 0,3 \cdot (1 - w_{g0}) \text{ für } d_1 = 0 \text{ (rote Kugel)} \end{cases} \qquad (4.16)$$

Allgemein kann der erwartete intrinsische Wert für jede Runde t wie folgt berechnet werden:

$$E_{gt}(\tilde{x}) = \sum_{i=1}^{t} d_i + (w_{gt}[(T - t) \cdot E(\tilde{d}|A) + T \cdot z_A]$$
$$+ (1 - w_{gt})[(T - t) \cdot E(\tilde{d}|B) + T \cdot z_B] \qquad (4.17)$$

Dabei wird w_{gt} wieder nach dem Satz von Bayes berechnet:

$$w_{gt} = w_{gt}(A|d_1...d_t) = \frac{w(d|A) \cdot w_{g,t-1}}{w_{gt}(d_t)},$$
$$w(d|A) = w_A^{blau} = \frac{1}{2} \qquad (4.18)$$

Für die Wahrscheinlichkeit für $w_{gt}(d_t)$ ergibt sich:

$$w_{gt}(d_t) = \begin{cases} 0,5 \cdot w_{g,t-1} + 0,7 \cdot (1 - w_{g,t-1}) \text{ für } d_t = 10 \text{ (blaue Kugel)} \\ 0,5 \cdot w_{g,t-1} + 0,3 \cdot (1 - w_{g,t-1}) \text{ für } d_t = 0 \text{ (rote Kugel)} \end{cases} \qquad (4.19)$$

Nachdem alle Ziehungen erfolgt sind, und die Beutelwahl bekannt gegeben wird, ergibt sich der intrinsische Endwert der Aktie als Summe aller realisierten Dividendenziehungen (vgl. Gleichung 4.6).

4.5.3. Theoretische Analyse der Entlohnung

Pro Schätzung konnte ein Marktteilnehmer zusätzlich maximal 50 Taler verdienen, und zwar dann, wenn er genau den intrinsischen Endwert (x_T) der Aktie schätzte. Pro Abweichung wurden 2 Taler abgezogen.

D. h. die Entlohnung für die Schätzungen (Y^e) betrug:

$$Y_g^e = \sum_{t=1}^{T} y_{gt} \qquad (4.20)$$

$$y_{gt} = max\{[50 - 2|x_T - e_{gt}|], 0\} \qquad (4.21)$$

Das Minimum betrug pro Schätzung 0 Taler, somit konnte ein Teilnehmer durch seine Schätzung kein Geld verlieren. Abbildung 4.6 veranschaulicht die mögliche Entlohnung:

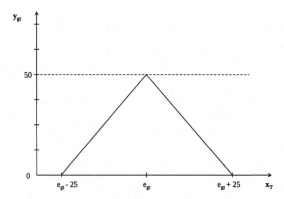

Abbildung 4.6.: Entlohnung für die Schätzung in Abhängigkeit vom intrinsischen Endwert

Die Entlohnung entsprach einem stark vereinfachten Weitzman-Anreizschema zur wahrheitsgemäßen Berichterstattung.[9]

4.5.3.1. Analyse bei Risikoneutralität

Im Folgenden wird die Entlohnung bei Risikoneutralität und (vereinfachend) bei stetiger Verteilung von x analysiert. Der Erwartungswert beträgt:

$$E(y_{gt}) = \int_{x_T^{min}}^{e_{gt}} [50 - 2 \cdot (e_{gt} - x_T)] f(x_T) dx_T$$

$$+ \int_{e_{gt}}^{x_T^{max}} [50 - 2 \cdot (x_T - e_{gt})] f(x_T) dx_T \qquad (4.22)$$

---

[9]Vgl. Weitzman (1976), Ossadnik (2009), S. 446-454.

Der Entscheider maximiert diesen Erwartungswert durch die Schätzung des Medians, denn es gilt:

$$\frac{dE(y_{gt})}{de_{gt}} = -2 \cdot F(e_{gt}) + 2 \cdot [1 - F(e_{gt})] = 0$$

$$\Leftrightarrow \ F(e_{gt}) = \frac{1}{2}$$

$$\Rightarrow \ e_{gt} = \text{Median}(x_T) \tag{4.23}$$

Bei symmetrischer Verteilung (hier für Beutel A gegeben) gilt: $\text{Median}(x_T) = E(x_T)$. Daher besteht grundsätzlich der Anreiz zur Schätzung des intrinsischen Wertes.

Für B dagegen ist die Verteilung nicht symmetrisch, sondern rechtssteil, so dass der Erwartungswert und damit der gemäß Definition intrinsische Wert rechts vom Median liegt. Im Hinblick auf das Experiment ist dies allerdings unproblematisch: Aufgrund der diskreten Verteilung unterscheiden sich Median und Erwartungswert nicht, für Beutel B liegen sie beide bei 70.

4.5.3.2. Analyse bei Risikoaversion

Im Folgenden wird die Entlohnung bei Risikoaversion und wiederum bei stetiger Verteilung von x analysiert. Der Erwartungswert beträgt nun:

$$E[U(y_{gt})] = \int_{x_T^{min}}^{e_{gt}} U[50 - 2 \cdot (e_{gt} - x_T)] f(x_T) dx_T$$

$$+ \int_{e_{gt}}^{x_T^{max}} U[50 - 2 \cdot (x_T - e_{gt})] f(x_T) dx_T \tag{4.24}$$

Maximiert der Entscheider diesen Erwartungwert, gilt:

$$\frac{dE[U(y_{gt})]}{de_{gt}} = \int_{x_T^{min}}^{e_{gt}} U'[50 - 2 \cdot (e_{gt} - x_T)] \cdot [-2] f(x_T) dx_T$$

$$+ \int_{e_{gt}}^{x_T^{max}} U'[50 - 2 \cdot (x_T - e_{gt})] \cdot [+2] f(x_T) dx_T$$

$$= 0 \tag{4.25}$$

Daraus folgt, dass bei symmetrischer Verteilung ebenfalls der $\text{Median}(x_T) = E(x_T)$ geschätzt wird. Dies lässt sich daran erkennen, dass die Abweichungen x_T von e_{gt} in beide Richtungen vom Betrag her gleich groß sind, und bei symmetrischer Verteilung auch die jeweiligen Wahrscheinlichkeitsdichten identisch sind. Somit führt Risikoaversion nicht zu einer Verzerrung der Schätzungen.

4.6. Handelssystem

Die Teilnehmer durften Kaufangebote und Verkaufsangebote im Rahmen von 0 bis 140 Talern[10] abgeben und die Angebote anderer Teilnehmer annehmen.

Jedes Angebot galt nur für eine Aktie. Wenn mehrere Aktien zum gleichen Preis verkauft werden sollten, musste für jede Aktie ein eigenes Angebot erstellt werden. Dabei war es weder möglich Aktien leer zu verkaufen noch Kredit aufzunehmen. Es konnte jeweils nur das beste Angebot angenommen werden, d. h. es konnte nur die Aktie mit dem niedrigsten Preis gekauft bzw. die eigene Aktie nur zum höchsten Kaufangebot einer anderen Person verkauft werden. Soweit ein Angebot noch nicht von einem anderen Marktteilnehmer angenommen worden war, konnte es jederzeit zurückgenommen werden.

Die Einhaltung dieser Regeln wurde vom Handelssystem (d. h. vom Computer) überprüft, ebenso wurden Angebote automatisch zusammengeführt, wenn Nachfragepreis $\geq$ Angebotspreis war, dabei galt der für den Käufer bessere Preis. Die Teilnehmer erhielten eine Fehlermeldung, wenn die Transaktion gegen eine Regel verstoßen hätte.

Die Schätzungen und der Handel wurden über die Experimentsoftware SoPHIE durchgeführt. Die Ergebnisse der Kugelzüge wurden im Verlauf einer Session in den Computer eingegeben, damit das Computersystem die Entlohnung der Marktteilnehmer berechnen konnte.

Abbildung 4.7 zeigt den Bildschirm des Handelssystems.

---

[10]Die Grenzen ergeben sich aus dem minimal bzw. maximal möglichen Aktienwert. 0 wäre möglich, wenn Beutel B gewählt wurde und immer nur rote Kugeln gezogen würden. 140 wäre möglich, wenn Beutel A gewählt wurde und immer nur blaue Kugeln gezogen würden.

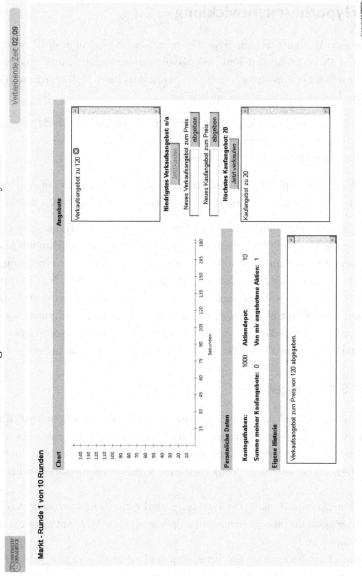

Abbildung 4.7.: Bildschirm des Handelssystems

5. Hypothesenentwicklung

In diesem Abschnitt werden Hypothesen zum Schätzverhalten der Marktteilnehmer, zur Preisbildung und zum Handelsvolumen entwickelt. Mittels dieser Hypothesen sollen die Forschungsfragen (vgl. auch Abschnitt 1) überprüft werden, die hier noch einmal wiederholt werden sollen:

1. Spiegeln die Erwartungen der Marktteilnehmer und die Marktpreise den intrinsischen Wert eines Wertpapiers tatsächlich wider, wenn die Handlungen des Agenten den Wert beeinflussen?

2. Hat die Komplexität der Entlohnung des Agenten Einfluss auf die Erwartungen der einzelnen Teilnehmer und auf die Preisbildung an Kapitalmärkten?

Um die erste Forschungsfrage zu beantworten, werden die Ergebnisse bei bekannter Managerentscheidung (Treatment 1) mit denjenigen bei unbekannter Managerentscheidung (Treatment 2 und 3) verglichen. Die zweite Forschungsfrage wird untersucht, indem die Ergebnisse bei einfacher Managerentlohnung (Treatment 2) gegen die Ergebnisse bei komplexer Managerentlohnung (Treatment 3) getestet werden. Dabei gibt es einerseits Hypothesen auf Ebene der einzelnen Marktteilnehmer, die sich auf die Schätzungen beziehen, andererseits Hypothesen auf Ebene des Marktes, die die Preise und das Volumen zum Gegenstand haben.

5.1. Schätzungen

Für die Hypothesen über die Schätzungen spielen die Einschätzungen über das Verhalten der anderen Investoren und die beobachteten Preise keine Rolle, da der **intrinsische Endwert** der Aktie geschätzt werden soll.[1] Bei unbekannter Managerentscheidung werden im Folgenden zwei Annahmenkombinationen unterschieden.

Annahmenkombination 1: Die Investoren sind rational und nehmen an, dass der Manager ebenfalls rational handelt und dass somit seine Wahl antizipierbar ist (vgl. Abschnitt 4.2).

Annahmenkombination 2: Die Investoren sind rational, sind sich jedoch nicht sicher, welche Alternative der Manager gewählt hat.

Aus Annahmenkombination 1 folgt:

---

[1]Vgl. Abschnitt 4.5 zur Berechnung des intrinsischen Wertes.

H1a: Die Schätzungen des intrinsischen Wertes der Aktie durch die Investoren sind unverzerrt.

Besteht hingegen Unsicherheit bezüglich der Alternativenwahl des Managers, so können die Schätzungen vom intrinsischen Wert abweichen. Da es eine Alternative mit höherem (Alternative A) und eine mit niedrigerem Wert (Alternative B) gibt, werden rational erklärbare Abweichungen in den Schätzungen zu einem *niedrigeren* Wert führen.

Dies soll anhand Abbildung 5.1 veranschaulicht werden. Sie zeigt, wie sich der subjektiv erwartete intrinsische Wert im Zeitablauf für unterschiedliche Anfangserwartungen bezüglich der Alternativenwahl im Mittel entwickelt.

Dabei werden die Erwartungswerte in Abhängigkeit des möglichen Auftretens von positiven und negativen Signalen[2] bzw. Informationen berechnet und mit der tatsächlichen Wahrscheinlichkeit des Auftretens dieser Signale[3] gewichtet.

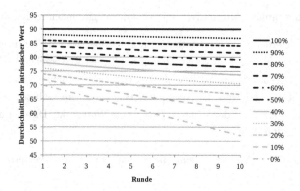

Abbildung 5.1.: Intrinsische Werte im Zeitablauf

Die oberste Line (100 %) zeigt die durchschnittliche Entwicklung des Erwartungswertes eines Investors, der zu 100 % davon überzeugt ist, dass die Alternative mit dem höheren Wert (Beutel A) gewählt wurde. Die unterste Line (0 %) zeigt, wie sich der intrinsische Erwartungswert eines Investors im Mittel entwickelt, der sich zu 100 % sicher ist, dass der Manager die Alternative mit dem niedrigeren Wert

---

[2]D. h. es werden z. B. nach der zweiten Ziehung Erwartungswerte nach folgenden Signalfolgen errechnet: (1) positiv, positiv; (2) positiv, negativ; (3) negativ, positiv; (4) negativ, negativ.
[3]Die tatsächliche Wahrscheinlichkeit des Auftretens wird für die Alternative A berechnet.

gewählt hat (und damit Alternative A eine Anfangswahrscheinlichkeit von 0 % zuordnet).[4]

Wenn sich die Teilnehmer nicht sicher sind, welche Wahl der Manager getroffen
hat, müssen sie beiden Alternativen positive Wahrscheinlichkeiten zuordnen. Die
Abbildung zeigt in 10 %-Schritten die erwarteten durchschnittlichen intrinsischen
Werte. Dabei wird davon ausgegangen, dass ein Investor seine Erwartungen ausgehend von seiner Anfangserwartung nach dem Satz von Bayes anpasst.[5] Die zweite
Linie von oben (90 %) zeigt den intrinsischen Erwartungswert eines Investors, der
der Alternative mit dem höheren Wert anfangs eine Wahrscheinlichkeit von 90 %
zuordnet.

Die Abbildung 5.1 zeigt, dass alle durchschnittlichen intrinsischen Erwartungswerte der Investoren, die nicht zu 100 % davon überzeugt sind, dass Alternative A
gewählt wurde, unter dem intrinsischen Erwartungswert eines Investors liegen, der
sich zu 100 % sicher ist, dass Alternative A gewählt wurde.

Aus Annahmenkombination 2 folgt daher:

H1b: Bei unbekannter Alternativenwahl sind die Schätzungen nach unten verzerrt.

Ist die Unsicherheit über die Alternativenwahl größer, weil die Vergütung komplexer, d. h. weniger durchschaubar ist, kommt es zu einer weitergehenden Verzerrung
nach unten. Dies ist darauf zurückzuführen, dass mit zunehmender Unsicherheit
über die Wahl des Managers der Alternative B eine größere Wahrscheinlichkeit zugeordnet wird. Dies führt dazu, dass der erwartete Wert sinkt. Dies veranschaulicht
ebenfalls Abbildung 5.1.

H1c: Bei komplexer Vergütung sind die Schätzungen stärker verzerrt als bei einfacher Vergütung.

Ist die Schätzung rational-rational, d. h. wird der intrinsische Wert geschätzt,
der sich rational bei Annahme eines rational handelnden Managers ergibt, so muss
auch gelten, dass die Schätzung sich perfekt an die jeweilige Dividendenrealisation
anpasst. Da der erwartete intrinsische Wert nach einem positiven Signal nach
oben angepasst wird und nach einem negativen Signal nach unten, sollte sich diese
Anpassung ebenfalls in den Schätzungen widerspiegeln. Somit wird angenommen:

H2a: Die Schätzungen verändern sich über die Zeit nach Maßgabe der Veränderung
des intrinsischen Wertes.

---

[4]Nach dem Satz von Bayes erfolgt keine Anpassung, wenn die a-priori Wahrscheinlichkeit 0 %
oder 100 % beträgt (vgl. auch Gleichung 2.5).

[5]Vgl. Abschnitt 4.5.2.

Ist hingegen die Ausgangsschätzung verzerrt, weil Unsicherheit über die Alternativenwahl besteht, so hat ein Bayesianisches Update zwei Bestandteile: Die Dividendenrealisation verändert zum einen den intrinsischen Wert gemäß der Abweichung vom Erwartungswert der Dividenden, und zum anderen revidiert der Investor sein Urteil bezüglich des zugrunde liegenden stochastischen Prozesses.

Da sich die Alternativen hinsichtlich der Wahrscheinlichkeit des Auftretens von positiven/negativen Signalen unterscheiden, erhält ein Investor ein Signal hinsichtlich der Alternativenwahl bzw. des vorliegenden stochastischen Prozesses. Für Alternative A gilt, dass ein positives Signal mit einer geringeren Wahrscheinlichkeit auftritt als bei Alternative B. Dies gilt umgekehrt bei negativen Signalen.

Somit ist ein positives Signal gleichzeitig ein negatives Signal hinsichtlich der Entscheidung des Managers, da die Wahrscheinlichkeit für die Wahl von Alternative B steigt. Dies führt dazu, dass die Reaktion eines Investors, der sich hinsichtlich der Wahl des Managers unsicher ist, schwächer ausfällt, als die Reaktion eines Investors, der überzeugt ist, dass der Manager Alternative A gewählt hat. Daraus folgt jedoch (nach dem Satz von Bayes) für die vorliegenden Parameterwerte nicht eine Umkehrung der Reaktion, d. h. es gibt keine negative Änderung des Erwartungswertes nach einer positiven Dividendenrealisation. Dies gilt sowohl für positive als auch für negative Signale.

Abbildung 5.2 veranschaulicht, dass bis zu einer Anfangseinschätzung von 50 %
für die Wahl der Alternative A die absolute Änderung des intrinsischen Wertes
kleiner ist als bei einer Anfangswahrscheinlichkeit von 100 %. Erst danach (40 % -
10 %) steigt die durchschnittliche Änderung, ist jedoch immer noch geringer als bei
der Anfangswahrscheinlichkeit von 100 %.

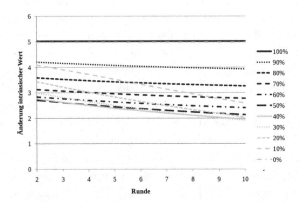

Abbildung 5.2.: Absolute Änderung des intrinsischen Wertes im Zeitablauf

Insgesamt ist daher davon auszugehen, dass die Unsicherheit über die Alternativenwahl[6] die Reaktionen auf Dividendenziehungen abschwächt, man kann daher
vermuten:

H2b: Bei unbekannter Alternativenwahl verändern sich die Schätzungen weniger
stark als bei bekannter Alternativenwahl.

Die Stärke der Reaktion hängt dabei - wie erläutert - von der Anfangswahrscheinlichkeit ab, die ein Investor Alternative A zuordnet, aber auch davon, ob ein negatives oder positives Signal vorliegt. Dies verdeutlichen die Abbildungen 5.4 und
5.3, die den Gesamteffekt (Abbildung 5.2) nach negativen und positiven Signalen
aufspalten.

---

[6]Sicherheit würde $w(A) = 1$ bedeuten. Größtmögliche Untersicherheit aber besteht bei
$w(A) = 1/2$.

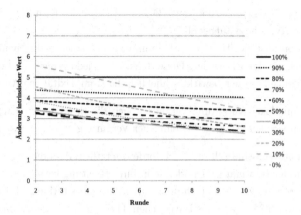

Abbildung 5.3.: Absolute Reaktion auf negative Signale

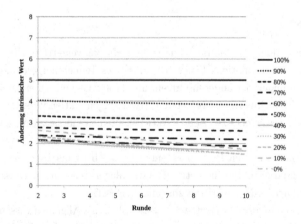

Abbildung 5.4.: Absolute Reaktion auf positive Signale

Abbildung 5.3 zeigt, dass keine eindeutige Aussage bezüglich der Reaktion auf negative Signale möglich ist, da die Reaktion zwischen 90 % und 50 % abnimmt, jedoch wieder für 40 % - 0 % zunimmt. Dies kann dazu führen, dass die Reaktion auf negative Signale bei komplexer Entlohnung stärker ist als bei einfacher Entlohnung, wenn eine hinreichende Anzahl von Investoren Alternative A eine Wahrscheinlichkeit von weniger als 50 % zuordnet. Daher wird für die Reaktion auf negative Signale keine Hypothese aufgestellt.

Die Reaktion nach positiven Signalen nimmt bis zu einer Wahrscheinlichkeit bis 30 % ab und steigt danach wieder. Diese Reaktion ist jedoch nicht so stark wie nach negativen Signalen. Daher bewirkt schließlich die Komplexität die Annahme:

H2c: Bei komplexer Vergütung verändern sich die Schätzungen nach positiven Signalen weniger stark als bei einfacher Vergütung.

Beide Hypothesen sind schwach: Sie fordern letztlich, dass die Investoren beide Dimensionen der Information Dividende in ihrer Richtung korrekt abbilden. Eine stärkere Hypothese besteht freilich darin zu fordern, dass rationale Investoren ihre Schätzungen nach Maßgabe des Bayes'schen Theorems anpassen. Um eine solche Hypothese zu testen, benötigt man allerdings a priori-Erwartungen, und die Hypothese kann nur relativ zu diesen Erwartungen formuliert und getestet werden:

H3: Die Investoren passen ihre Schätzungen, ausgehend von ihren Anfangserwartungen, Bayes-rational an.

5.2. Preise

Verzerrte individuelle Schätzungen müssen nicht zu verzerrten Preisen führen. Wenn ein Markt informationseffizient ist, müsste es Teilnehmer geben, die die verzerrten Erwartungen der anderen nutzen, um daraus Gewinn zu erzielen. D. h. sie müssten den Teilnehmern mit verzerrten Erwartungen Aktien verkaufen, wenn die Aktie zu hoch bewertet, bzw. selbst Aktien kaufen, wenn sie zu niedrig bewertet ist.[7]

Um Hypothesen zu den Preisen zu entwickeln, wird zunächst Bezug auf die in Abschnitt 2.2 dargestellten theoretischen Grundlagen genommen. Diese werden an dieser Stelle kurz in drei Schritten zusammengefasst.

Im **ersten** gedanklichen Schritt wird Rationalität als Allgemeinwissen angenommen (vgl. Abschnitt 2.2.2.1). D. h. Investoren sind rational und nehmen an, der Manager sei rational, und auch alle anderen Investoren agierten rational. Somit wird angenommen, dass die „common knowledge"-Annahme der Rationalität zutrifft.

Dies sollte dazu führen, dass die Preise dem intrinsischen Wert des Wertpapiers entsprechen und damit unverzerrt sein sollten. Außerdem sollte nach einer ersten

---

[7]Vgl. auch Abschnitt 2.2.2.

Handelsrunde, in der die Investoren ihr Portfolio aus Bargeld und Aktien hinsichtlich ihrer Risikopräferenzen ändern, zwar eine Preisreaktion, aber kein Handel mehr stattfinden. Daher wären in diesem Fall keine Treatmenteffekte zu erwarten. Der **zweite** Schritt nimmt Bezug auf Abschnitt 2.2.2.2. Nun wird Rationalität der anderen Investoren nicht mehr als Allgemeinwissen angenommen. D. h., auch wenn alle Investoren rational sind, nehmen diese nicht an, dass alle anderen Marktteilnehmer rational sind. Daraus resultiert, dass sich der einzelne Marktteilnehmer für „schlauer" als die anderen Marktteilnehmer hält. Insbesondere geht dieser davon aus, dass sich andere Marktteilnehmer, im Gegensatz zu ihm selbst, nicht sicher sind, welche Alternative der Manager gewählt hat. Hieraus kann spekulativer Handel resultieren.

Im **dritten** Schritt (vgl. Abschnitt 2.2.2.3) wird angenommen, dass die Investoren unterschiedlicher Meinung sind, welche Alternative der Manager gewählt hat, und sich daher nicht sicher sind, wie ein Rückfluss hinsichtlich des intrinsischen Wertes zu interpretieren ist. Dies kann sogar dazu führen, dass einige Investoren aus Gründen handeln, die sich den anderen Marktteilnehmern nicht rational erschließen. Daher werden verzerrte Preise und spekulativer Handel erwartet. Die Investoren können nur über die Erwartungen der anderen Investoren spekulieren. Dabei führt mehr Heterogenität in den Erwartungen zu einem niedrigeren Preis.

Die Hypothesen zu Marktpreisen folgen grundsätzlich den Hypothesen zu individuellen Schätzungen. Jedoch besteht folgendes Problem: Wenn die Schätzungen betrachtet werden, ist eine Person eine unabhängige Beobachtung, die Verzerrung kann somit eindeutig in den Daten belegt werden. Preise hingegen sind die Ergebnisse des Handels von Personen mit unterschiedlicher Risikoeinstellung, Erwartungen und Erwartungsverzerrungen. Dadurch kann ein Preis nie eindeutig auf die Eigenschaften einzelner Marktteilnehmer zurückgeführt werden.

In Gleichgewichtsmodellen des Kapitalmarktes, in denen Handel auf Basis privater Informationen stattfindet, besteht beispielsweise der folgende allgemeine Zusammenhang: Weniger risikoaverse Investoren investieren mehr in die Beschaffung privater Informationen und reagieren stärker auf diese Informationen. Dadurch nehmen sie größeren Einfluss auf die Kurse.[8] Dies aber bedeutet, dass weder die durchschnittlichen Erwartungen noch die durchschnittlichen Risikoeinstellungen der Teilnehmer an einem Markt die Kurse erklären können. Daher müssen Maße verwendet werden, die die Präsenz solcher (weniger risikoaverser) Investoren, die im Vergleich zu risikoaverseren Investoren relativ stark aufgrund ihrer Erwartungen handeln, abbilden.

---

[8]Vgl. z. B. Subrahmanyam (1991), Gillenkirch (2004), S. 208.

Wenn Unsicherheit über den intrinsischen Endwert der Aktie besteht, wird im Allgemeinen erwartet, dass Marktteilnehmer eine Risikoprämie verlangen[9] bzw. einen Risikoabschlag vornehmen. In dem vorliegenden Experiment nimmt jedoch die Unsicherheit über den intrinsischen Endwert der Aktie im Zeitablauf ab, somit müsste der Risikoabschlag im Zeitablauf sinken. D. h. die Reaktion auf eine positive Dividende müsste höher ausfallen als bei risikoneutraler Bewertung. Ebenso müsste die Reaktion auf eine niedrige Dividende niedriger ausfallen, weil die Unsicherheit abgenommen hat und der Risikoabschlag sinken müsste. Nimmt man an, dass ein Investor einen Risikoabschlag vornimmt, müsste somit gelten:

H4: Die Aktienkurse liegen unter den Schätzungen. Die Differenz sinkt im Zeitablauf.

Ausgehend von den ersten beiden Schritten ist zu erwarten:

H5a: Weder die Unbeobachtbarkeit der Alternativenwahl noch die Komplexität der Vergütung führen zu (zusätzlichen) Verzerrungen des Aktienkurses gegenüber dem (risikoneutral bestimmten) intrinsischen Wert.

Jedoch zeigt bisherige experimentelle Evidenz (vgl. Abschnitt 3.2), dass im Gegensatz zu den theoretischen Vorhersagen (Schritt 1) Handel stattfindet. Außerdem zeigt sie, dass verzerrte Schätzungen zu verzerrten Preisen führen. Der Markt hat somit keine „heilende" Wirkung, weder die Schätzungen noch die Preise spiegeln den intrinsischen Wert wider. Ebenso findet sich in den Experimenten das Ausmaß der Verzerrung der Schätzung im Ausmaß der Verzerrung der Preise wieder. D. h. sind Schätzungen stark nach unten verzerrt, sind die Preise in gleicher Weise nach unten verzerrt. Somit ist davon auszugehen, dass die Überlegungen aus Schritt 3 relevant sind:

H5b: Bei unbekannter Alternativenwahl sind die Preise gegenüber bekannter Alternativenwahl nach unten verzerrt.

Des Weiteren sollte die Komplexität ebenfalls Einfluss nehmen. Hier gilt die gleiche Argumentation wie in Abschnitt 5.1. Wenn die Vergütung komplexer ist, ist die Unsicherheit über die Alternativenwahl größer. Dies führt dazu, dass der Alternative B eine größere Wahrscheinlichkeit zugeordnet wird und somit der erwartete Wert sinkt. Das Ausmaß der Verzerrungen in den Schätzungen sollte sich ebenfalls in den Preisen widerspiegeln:

H5c: Bei komplexer Vergütung sind die Preise gegenüber einfacher Vergütung nach unten verzerrt.

---

[9]Vgl. z. B. Preisbildung im CAPM (z. B. Sharpe (1964)).

Nun wird die Veränderung der Preise betrachtet. Zunächst wird wieder davon ausgegangen, dass die Investoren rational sind und annehmen, dass der Manager auch rational handelt und daher Alternative A gewählt hat. Damit sind die möglichen Dividenrealisationen bekannt und damit auch, wie sich der erwartete intrinsische Wert nach einer Dividende ändert.

H6ai: Die Preise verändern sich über die Zeit nach Maßgabe der Veränderung des intrinsischen Wertes.

Wenn jedoch davon ausgegangen wird, dass die Investoren einen Risikoabschlag berücksichtigen, müsste dieser im Zeitablauf sinken. Dann kommt zur Veränderung des intrinsischen Wertes immer ein positiver Effekt hinzu. Somit müsste gelten:

H6aii: Auf ein positives Signal reagiert der Preis stärker und auf ein negatives Signal schwächer als der intrinsische Wert.

Wenn die Alternativenwahl nicht bekannt ist, gelten wieder die Überlegungen, die in Abschnitt 5.1 ausgeführt wurden. Sobald beiden Alternativen positive Wahrscheinlichkeiten zugeordnet werden, beinhaltet ein Dividendensignal auch eine Information über die Alternativenwahl. Da ein positives (negatives) Signal gleichzeitig ein negatives (positives) Signal für die Alternativenwahl ist, wird auf dieses nicht so stark reagiert wie bei Sicherheit über die Alternativenwahl, es kann angenommen werden:

H6b: Bei unbekannter Alternativenwahl verändern sich die Preise weniger stark als bei bekannter Alternativenwahl.

Hinsichtlich der Komplexität der Vergütung wird wiederum nur eine Aussage über die Reaktion auf positive Signale getroffen, es gilt: je unsicherer sich die Investoren über die Wahl des Managers sind, desto schwächer sollte die Reaktion auf positive Signale ausfallen. Somit wird vermutet:

H6c: Bei komplexer Vergütung verändern sich die Preise nach positiven Signalen weniger stark als bei einfacher Vergütung.

5.3. Handel am Markt

Hypothesen zu Handelsvolumina werden auf der Basis des dritten theoretischen Argumentationsschrittes (vgl. auch Abschnitt 2.2.2.3) abgeleitet. D. h. es wird angenommen, dass die Marktteilnehmer potenziell unterschiedliche Erwartungen haben und dass Noise im Sinne nicht rational erklärbaren Handelsaktivitäten auftritt. Um Handelsvolumina zu erklären, wird der folgende gedankliche Ablauf betrachtet: Zu Beginn, d. h. vor der ersten Handelsrunde, bilden die Marktteilnehmer Anfangserwartungen. Der erste Handel beruht alleine auf diesen Anfangserwartungen, ohne dass Informationen zugegangen sind. Dieser Handel wird getrieben durch die Unterschiede in den Anfangserwartungen und die Risikopräferenzen der Marktteilnehmer (stärker risikoaverse Marktteilnehmer reduzieren ihren Wertpapierbestand, weniger risikoaverse Marktteilnehmer erhöhen ihn). Nach dem ersten Handel geht eine öffentliche Information an alle Marktteilnehmer, diese entspricht in dem hier gewählten Bezugsrahmen der Realisation einer hohen oder niedrigen Dividende, die einen Rückschluss auf die Alternativenwahl erlaubt (sofern der betreffende Marktteilnehmer diesbezüglich keine sicheren Erwartungen hatte). Bei bekannter Alternativenwahl ist die Dividendenrealisation als öffentliche Information im Hinblick auf die Erwartung bezüglich des zugrunde liegenden stochastischen Prozesses irrelevant. Handel findet als Reaktion auf die Dividendenrealisation deshalb nur im Zuge des Noise-Tradings statt. Gäbe es dagegen kein Noise-Trading, so würde das „No-Trade" Theorem (vgl. Abschnitt 2.2.2.1) seine Anwendung finden.

Die Beziehung zwischen der Dividendenrealisation als öffentlicher Information und dem Handelsvolumen ist komplexer als die Beziehung zur Kursreaktion. Der Grund liegt darin, dass das Handelsvolumen davon abhängt, wie sich die Anfangserwartungen der Investoren und die Sicherheit der Investoren bezüglich dieser Erwartungen unterscheiden.[10] Um dies zu verdeutlichen, werden drei Fälle betrachtet:

Fall 1: Die Investoren haben heterogene Anfangserwartungen und vertrauen diesen Erwartungen sehr stark. D. h. jeder Investor geht mit einer hohen Wahrscheinlichkeit von einer bestimmten Alternativenwahl aus. In diesem Fall kommt es vor Zugang öffentlicher Information, d. h. vor der ersten Dividendenrealisation, zu intensivem Handel am Markt. Dieser Handel wird nicht nur durch die unterschiedlichen Risikoeinstellungen der Investoren ausgelöst, sondern vor allem auch durch die Unterschiede in den subjektiven Schätzungen des intrinsischen Aktienwertes. Da jeder Investor seinem anfänglichen Urteil stark vertraut, revidiert er dieses nur sehr wenig nach der Dividendenrealisation. Dies führt dazu, dass nach Dividen-

---

[10]Vgl. z. B. das Ergebnis in Kim/Verrecchia (1991) Proposition 2.

denrealisation Handel primär aufgrund des Noise-Tradings stattfindet, aber nur in geringerem Maße aufgrund veränderter Erwartungen.

Fall 2: Die Investoren haben heterogene Anfangserwartungen, sind sich jedoch bezüglich der Alternativenwahl sehr unsicher. Im Unterschied zu Fall 1 hat nun die Dividendenrealisation merklichen Einfluss auf die Erwartungsbildung. Gleichwohl führt sie nicht zu „differences in opinion", sondern im Gegenteil zu einer Angleichung der Erwartungen, da sie eine öffentliche Information ist und somit alle Investoren ihre Schätzungen des intrinsischen Wertes in die gleiche Richtung verändern. Dies führt auch hier dazu, dass nach Dividendenrealisation Handel primär aufgrund des Noise-Tradings stattfindet, aber kaum aufgrund veränderter, heterogener Erwartungen. Es kommt zu einer Preisreaktion aufgrund der öffentlichen Information, wobei diese nicht mit intensivem Handel verbunden ist.

Fall 3: Die Heterogenität besteht nicht nur bezüglich der Anfangserwartungen der Investoren, sondern auch bezüglich ihrer Unsicherheit. D. h. einige Investoren sind sich sehr sicher, welche Alternative gewählt wurde, andere aber unsicher bezüglich der Alternativenwahl. Erst hier führt die öffentliche Information über die Dividende zu Handel aufgrund veränderter Erwartungen, denn Investoren mit sehr unsicheren Anfangserwartungen verändern diese und finden Handelspartner in den Investoren, die Erwartungen nicht gleichermaßen verändern.

Zusammenfassend wird das Handelsvolumen nach einer Dividendenrealisation davon beeinflusst, wie heterogen die Investoren hinsichtlich ihrer Unsicherheit über die Alternativenwahl sind. Dieser Zusammenhang allerdings impliziert keinen eindeutigen Effekt der Treatmentvariablen auf das Handelsvolumen. Um dies zu verdeutlichen, sei der extreme Fall angenommen, dass kein Investor sich in der Lage fühlt zu beurteilen, wie die Vergütung wirkt, und damit alle Investoren gleichermaßen beide möglichen Alternativen für gleich wahrscheinlich halten. Dann trifft der oben dargestellte zweite Fall zu, und das bedeutet, dass auf die Dividendenrealisation kein höheres Handelsvolumen folgen muss als bei bekannter Alternativenwahl. Umgekehrt könnten einige Investoren gerade dann, wenn die Alternativenwahl unbekannt und die Vergütung komplex ist, aufgrund einer besseren Antizipation der Anreizeffekte wesentlich weniger unsicher sein als andere. Dies führt wiederum zu Fall 3 und damit zu einem höheren Handelsvolumen bei unbekannter Alternativenwahl und komplexer Vergütung. Aus diesem Grund wird nachfolgend keine Hypothese zum Einfluss der Treatmentvariablen auf das Handelsvolumen formuliert. Stattdessen wird untersucht, inwiefern sich das Handelsvolumen als Resultat eines der oben betrachteten Fälle erklären lässt.

Unabhängig davon, welcher der oben betrachteten Fälle zutrifft, gilt jedoch stets, dass die Unsicherheit der Marktteilnehmer über die Alternativenwahl mit jeder

Dividendenrealisation geringer werden muss, und dass die Unsicherheit über den intrinsischen Wert der Aktie über die Zeit immer geringer wird. In jedem Falle (d. h. für alle Treatments) ist daher davon auszugehen, dass das Handelsvolumen im Zeitablauf sinkt:

H7: Das Handelsvolumen sinkt im Zeitablauf.

Bei gegebener bekannter Alternativenwahl stimmen die Anfangserwartungen rationaler Investoren überein. Daher sollte eine Dividendenrealisation keinen weiteren Handel unter rationalen Investoren auslösen, nachdem diese in einer ersten Handelsrunde eine effiziente Risikoallokation hergestellt haben („No-Trade" Theorem). Die korrespondierende Hypothese, dass nach der ersten Handelsrunde kein weiterer Handel stattfindet, wird hier ebenfalls nicht formuliert, da sie angesichts der experimentellen Evidenz zu Kapitalmärkten offensichtlich unzutreffend ist.

6. Ergebnisse

6.1. Verfügbare Daten

Wie bereits in Abschnitt 4.3.2 dargestellt, nahmen insgesamt 182 Teilnehmer an dem Experiment teil, davon 180 in der Rolle der Marktteilnehmer und zwei in der Rolle eines Managers. Je Treatment wurden drei Sessions durchgeführt, dabei wurden je Session die Teilnehmer auf zwei Märkte aufgeteilt, so dass auf einem Markt zehn Teilnehmer miteinander handeln konnten. Jedoch werden drei Märkte für die Auswertung nicht verwendet.[1] Insgesamt werden für die folgenden Ergebnisse Daten von 150 Marktteilnehmern ausgewertet. Da die Teilnehmer in drei Proberunden und in zehn weiteren Hauptrunden, die für ihre Entlohnung relevant sind, handeln konnten, liegen folgende Daten vor. Dabei werden in den Klammern die Werte für die Proberunden angegeben.

Tabelle 6.1.: Überblick: Daten pro Treatment

	T1	T2	T3	Summe
Anzahl Märkte	5	5	5	15
Anzahl Teilnehmer	50	50	50	150
Anzahl Schätzungen	500 (300)	500 (300)	500 (300)	1500 (900)
Handelsvolumen	763 (283)	781 (286)	555 (239)	2099 (808)
Kaufangebote	1456 (477)	1451 (456)	1309 (436)	4216 (1369)
Verkaufsangebote	1491 (420)	1664 (495)	1153 (469)	4308 (1384)

Darüber hinaus wurden von den Teilnehmern in Treatment 2 und 3 zudem in den Hauptrunden Angaben darüber gemacht, welche Alternative der Manager gewählt hat, und wie sicher sie seien, dass der Manager tatsächlich diese Alternative gewählt habe. Die Anzahl hierfür entspricht der Anzahl der Schätzungen in den Hauptrunden für Treatment 2 und Treatment 3.

---

[1]Für eine Begründung für den Ausschluss siehe Anhang A.1.

6.2. Schätzungen

Bevor auf die Ergebnisse eingegangen wird, werden im nächsten Abschnitt zunächst die Messgrößen vorgestellt, die zur Überprüfung der Hypothesen verwendet wurden.

6.2.1. Maße

Pro Person liegen in allen drei Treatments drei Schätzungen für die Proberunden und zehn Schätzungen für die Hauptrunden vor. Zusätzlich mussten die Teilnehmer in den Treatments 2 und 3 in den Hauptrunden angeben, welchen Beutel der Manager ihrer Meinung nach gewählt hat, und wie sicher sie sich auf einer Skala von 1 bis 7 seien, dass ihre Einschätzung (c^{org}) richtig sei.

Um die Angaben der Teilnehmer über den gewählten Beutel und über ihre subjektive Sicherheit bezüglich der Beutelwahl vergleichbar zu machen, wurden beide Angaben in einem Maß (c) erfasst. Hierzu wurde eine Skala von 1 bis 13 gebildet. Die Angabe einer Person, sie sei sicher (7 auf der Skala von 1 bis 7), dass Beutel A gewählt worden sei, wurde auf 13 gesetzt, die Angabe, die Person sei sicher, dass Beutel B gewählt wurde, auf 1 (vgl. Tab. 6.2). Der Wert 7 wurde, wenn die betreffenden Personen angaben, sie seien sehr unsicher (1 auf der Skala von 1 bis 7), gleichermaßen für die Angabe, Beutel A sei gewählt worden, wie auch für die Angabe, Beutel B sei gewählt worden, vergeben. Der Wert ist in der Tabelle grau eingefärbt.

Tabelle 6.2.: Alternativenschätzung I

	B wurde gewählt						A wurde gewählt						
c^{org}	7	6	5	4	3	2	1	2	3	4	5	6	7
c	1	2	3	4	5	6	7	8	9	10	11	12	13

Der intrinsische Wert des Wertpapiers x wird auf der Basis der real erfolgten Beutelwahl A berechnet. Dieser entspricht 90 in $t = 0$. Er steigt um 5 bei hoher Dividende (blaue Kugel) und sinkt um 5 bei niedriger Dividende (rote Kugel). Da in jeder Session des Experiments eigene Zufallszüge vorgenommen wurden, unterscheiden sich die intrinsischen Werte über die Sessions. Im Folgenden bezeichnet daher x_{gt} den intrinsischen Wert des Wertpapiers in Runde t in derjenigen Session, an der der Teilnehmer g teilgenommen hat.

Die Schätzung des intrinsischen Wertes eines Teilnehmers g in Runde t wird mit e_{gt} bezeichnet.

Die Schätzabweichung im Wert (der Schätzfehler) beträgt:

$$\alpha_{gt} = e_{gt} - x_{gt}. \tag{6.1}$$

Die mittlere Schätzabweichung der Person g über alle Runden beträgt:

$$\overline{\alpha}_g = \sum_{t=1}^{10} \frac{1}{10} \alpha_{gt}. \tag{6.2}$$

Im Folgenden wird mit $\boldsymbol{M}$ die Menge aller Teilnehmer an einem Markt bezeichnet. Märkte selbst erhalten den Index m, die Anzahl der Teilnehmer an jedem Markt m war identisch und betrug 10. Die mittlere Schätzabweichung aller Teilnehmer eines Marktes in einer Runde beträgt

$$\overline{\alpha}_{mt} = \sum_{g \in \mathbf{M}} \frac{1}{10} \alpha_{gt}; \tag{6.3}$$

Die Veränderung des intrinsischen Wertes von einer Runde zur nächsten

$$\Delta x_{gt} = x_{gt} - x_{gt-1}, \tag{6.4}$$

beträgt wie erläutert in jeder Runde +5 oder −5. Die Veränderung der individuellen Schätzung eines Marktteilnehmers beträgt:

$$\Delta e_{gt} = e_{gt} - e_{gt-1}. \tag{6.5}$$

Als Maß für die Schätzreaktion des Teilnehmers wird im Folgenden der Quotient

$$\beta_{gt} = \frac{\Delta e_{gt}}{\Delta x_{gt}} \tag{6.6}$$

verwendet. Die mittlere Schätzreaktion eines Teilnehmers ist analog zur mittleren Schätzabweichung definiert:

$$\overline{\beta}_g = \sum_{t=1}^{10} \frac{1}{10} \beta_{gt} \tag{6.7}$$

T_{gb} bezeichne die Anzahl der Runden, in denen eine blaue Kugel gezogen wurde ($\mathbf{T_{gb}}$ die Menge der Runden), und T_{gr} die Anzahl der Runden, in denen eine rote

Kugel gezogen wurde ($\mathbf{T_{gr}}$ wiederum die Menge der Runden). Es gilt $T_{gb} + T_{gr} = 10$. Die Schätzreaktion wird nach diesen Ziehungen differenziert. Die mittlere Schätzreaktion auf eine blaue Kugel beträgt:

$$\overline{\beta}_g^b = \sum_{t \in \mathbf{T_{gb}}} \frac{1}{T_{gb}} \beta_{gt}, \tag{6.8}$$

die Reaktion auf eine rote Kugel:

$$\overline{\beta}_g^r = \sum_{t \in \mathbf{T_{gr}}} \frac{1}{T_{gr}} \beta_{gt} \tag{6.9}$$

„Rationale" Schätzungen werden hier als Schätzungen definiert, die die Wahl der Alternative A (des Beutels mit 50 blauen und 50 roten Kugeln) beinhaltet, d. h. dass eine a priori Wahrscheinlichkeit für A in Höhe von 1 zugrunde liegt. Teilnehmer mit solchen Anfangsschätzungen sollten Schätzabweichungen von null in jeder Runde aufweisen.

Besteht Unsicherheit über die Alternativenwahl, so beträgt die a priori Wahrscheinlichkeit für Alternative A nicht 1, und die a priori Wahrscheinlichkeit für B ist positiv. Nun ergeben sich negative Schätzabweichungen, solange der betreffende Teilnehmer die inneren Werte der Alternativen korrekt berechnet. Auch wird die Schätzreaktion nicht 1 betragen: Geht beispielsweise der Marktteilnehmer von einer a priori Wahrscheinlichkeit in Höhe von $w_{g0} = 1/2$ für Alternative A aus, so verändert er sein Wahrscheinlichkeitsurteil, wenn er die Ziehungen Bayes-rational verarbeitet, bei jeder Ziehung. Wird eine blaue Kugel gezogen, so wird B wahrscheinlicher und w_{g1} sinkt unter $1/2$. Wird hingegen eine rote Kugel gezogen, so wird A wahrscheinlicher und w_{g1} steigt über $1/2$. Dadurch entspricht die absolute Veränderung der Schätzung niemals genau $+5$ oder -5, vgl. hierzu bereits Abschnitt 4.5. Es wurde auch gezeigt, dass die Schätzabweichung für jedes $w_{gt} < 1$ negativ ist.

Da die a priori Wahrscheinlichkeit die erste Schätzung bestimmt, kann unter der Hypothese, dass der betreffende Teilnehmer die inneren Werte von 90 (für A) und 70 (für B) korrekt berechnet, aus seiner Schätzung e_{g0} für den inneren Wert die a priori Wahrscheinlichkeit geschätzt werden, die er der Alternative A zuordnet. Schätzt der Teilnehmer beispielsweise 80, so beträgt die a priori Wahrscheinlichkeit $w_{g0} = 1/2$.

Daneben liegt in den Treatments 2 und 3 eine direkte Schätzung bezüglich der Alternativenwahl vor, die ohne die zusätzliche Annahme auskommt, die Teilnehmer würden die inneren Werte der Alternativen korrekt berechnen. Diese Alternativenschätzung wird im Folgenden mit c_{gt} bezeichnet, die durch sie implizierte

Wahrscheinlichkeit für die Wahl von A mit $\hat{w}_{gt}$ bezeichnet. c_{gt} wurde wie erläutert auf einer Skala von 1-13 abgebildet. 13 entspricht $\hat{w}_{gt} = 1$, 1 entspricht $\hat{w}_{gt} = 0$ und 7 entspricht $\hat{w}_{gt} = 1/2$. Alle übrigen Werte der Skala können ebenfalls grob in Wahrscheinlichkeiten $\hat{w}_{gt}$ umgerechnet werden, vgl. Tab. 6.3.

Tabelle 6.3.: Alternativenschätzung II

c_{gt}	1	2	3	4	5	6	7	8	9	10	11	12	13
$\hat{w}_{gt}$	0	$\frac{1}{12}$	$\frac{1}{6}$	$\frac{1}{4}$	$\frac{1}{3}$	$\frac{5}{12}$	$\frac{1}{2}$	$\frac{7}{12}$	$\frac{2}{3}$	$\frac{3}{4}$	$\frac{5}{6}$	$\frac{11}{12}$	1

Im Folgenden werden, sofern verfügbar, die ersten direkten Alternativenschätzungen c_{g0} über die Alternativenwahl gemäß Tabelle 6.3 in a priori Wahrscheinlichkeiten $\hat{w}_{g0}$ wie folgt umgerechnet:

$$\hat{w}_{g0} = \frac{1}{12}(c_{g1} - 1) \tag{6.10}$$

Ausgehend von $\hat{w}_{g0}$ kann eine rationale Informationsverarbeitung definiert werden: Nach Zugang einer Information (blaue oder rote Kugel) ist die Ausgangswahrscheinlichkeit nach dem Theorem von Bayes anzupassen (vgl. Abschnitt 4.5.2). Die a posteriori Wahrscheinlichkeit wird mit $\hat{w}_{g1}^{Bayes}$ bezeichnet. Diese Wahrscheinlichkeit kann nun in die Skala 1-13 zurücktransformiert werden, um so die rationale Informationsverarbeitung nach dem Bayes'schen Theorem mit der tatsächlichen nächsten Schätzung bezüglich der Alternativenwahl zu vergleichen:

$$c_{g1}^{Bayes} = 1 + 12 \cdot \hat{w}_{g1}^{Bayes} \tag{6.11}$$

In den folgenden Runden wird ausgehend vom Wahrscheinlichkeitsurteil der vorherigen Runde $\hat{w}_{gt-1}^{Bayes}$ der Wert der nächsten Runde bestimmt. Dann kann analog wie in Gleichung 6.11 jeweils ein Bayes-rationaler Wert c_{gt}^{Bayes} bestimmt und mit der tatsächlichen Angabe c_{gt} des Teilnehmers verglichen werden. Die Alternativenschätzabweichung, d. h. die absolute Abweichung der tatsächlichen Schätzung des Teilnehmers bezüglich der Alternativenwahl von dieser Bayes-rationalen Angabe wird im Folgenden mit γ_{gt} bezeichnet:

$$\gamma_{gt} = |c_{gt} - c_{gt}^{Bayes}| \tag{6.12}$$

Für γ_{gt} liegen neun Beobachtungen (Runden 2-10) vor. Die durchschnittliche Abweichung beträgt entsprechend

$$\bar{\gamma}_g = \sum_{t=2}^{10} \frac{1}{9} \gamma_{gt} \qquad (6.13)$$

6.2.2. Deskriptive Statistik

Bevor die Hypothesen überprüft werden, soll zunächst ein Überblick über die relevanten Daten gegeben werden.

Abbildung 6.1 gibt einen Überblick über die Verteilung der durchschnittlichen **Schätzabweichung** pro Person in den zehn Hauptrunden je Treatment und für alle Treatments zusammen.

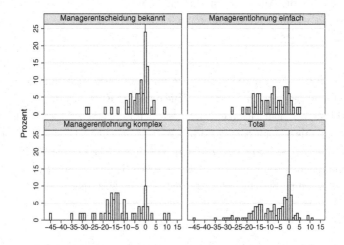

Abbildung 6.1.: Schätzabweichung pro Treatment

Die Anzahl der Experimentteilnehmer, die im Durchschnitt den intrinsischen Wert korrekt schätzt, lässt sich aus der Abbildung 6.1 für eine Schätzabweichung von Null entnehmen. Insgesamt trifft dies auf 13 % (20) der Teilnehmer zu, davon 24 % (12) der Teilnehmer in Treatment 1, 6 % (3) der Teilnehmer in Treatment 2 und 10 % (5) Teilnehmer in Treatment 3. Jedoch zeigt die Abbildung auch, dass die Mehrheit der Teilnehmer den intrinsischen Wert nicht korrekt schätzt, sondern den Wert im Durchschnitt unterschätzt.[2] Aus der Abbildung wird weiterhin ersichtlich, dass die durchschnittlichen Schätzungen bei komplexer Entlohnung (T3) stärker streuen als bei bekannter Managerentlohnung (T1) oder einfacher Managerentlohnung (T2).

Tabelle 6.4 gibt einen Überblick über die durchschnittliche Schätzabweichung über alle Treatments, pro Treatment und für Treatment 2 und 3 zusammen:

Tabelle 6.4.: Schätzabweichung pro Treatment

Treatment	N	$\bar{\alpha}$	Std. Abw.	Min	Max
Alle	150	-7,89	9,23	-44,7	10,8
1	50	-3,61	6,84	-27,6	8,5
2	50	-8,04	7,28	-26,8	5
3	50	-12,03	11,1	-44,7	10,8
2+3	100	-10,03	9,55	-44,7	10,8

Die durchschnittlichen Schätzabweichungen zeigen, dass der intrinsische Wert im Durchschnitt unterschätzt wird. Es lassen sich zudem Unterschiede zwischen den Treatments feststellen. So ist die Schätzabweichung bei bekannter Managerentscheidung ($\bar{\alpha}_{T1} = -3,61$) kleiner als bei unbekannter Managerentscheidung ($\bar{\alpha}_{T2+3} = -10,03$). Ebenso ist die Schätzabweichung bei einfacher Managerentlohnung ($\bar{\alpha}_{T2} = -8,04$) kleiner als bei komplexer Managerentlohnung ($\bar{\alpha}_{T3} = -12,03$). Dies gilt auch, wenn nur die Schätzabweichung vor der ersten Runde betrachtet wird, vgl. Tab. A.5 im Anhang. Dort gibt es zudem eine Übersicht über die durchschnittliche Schätzabweichung in den Proberunden (Tabelle A.6).

Eine an dieser Stelle nicht beantwortbare Frage betrifft die Erklärung der Schätzabweichung für Treatment 1 (bekannte Managerentscheidung). Wie in Abschnitt 4.5.3 gezeigt wurde, gewährleistet die für das Experiment gewählte Vergütung bezüglich der Schätzungen, dass ein Teilnehmer in Treatment 1 genau den intrinsischen Wert schätzen sollte, und zwar unabhängig von seiner Risikoeinstellung. Die beobachtete negative Abweichung lässt sich also allenfalls durch psychologische Effekte (wie etwa „Zweckpessimismus") erklären, die nicht Gegenstand dieser Arbeit sein sollen.

---

[2]Tabelle A.4 im Anhang gruppiert die durchschnittliche Schätzabweichung danach, ob richtig geschätzt, überschätzt oder unterschätzt wurde.

Tabelle 6.4 zeigt auch die Standardabweichung der Schätzungen. Auch hier wird deutlich, dass diese bei unbekannter Managerentscheidung größer, $\bar{\sigma}(e_{T2+3}) = 9,55$, als bei bekannter Managerentscheidung, $\bar{\sigma}(e_{T1}) = 6,84$, ist. Weiterhin ist die Standardabweichung bei komplexer Managerentlohnung, $\bar{\sigma}(e_{T3}) = 11,1$, größer als bei einfacher Managerentlohnung, $\bar{\sigma}(e_{T2}) = 7,28$. Die Standardabweichung ist ein Maß für die Heterogenität der Schätzungen.

Einen Überblick über die durchschnittlichen Schätzabweichungen der einzelnen *Märkte* geben die Abbildungen A.1 bis A.3 im Anhang A.2. Die Tabellen A.1 bis A.3 im Anhang A.2 zeigen zudem die durchschnittlichen Schätzabweichungen pro Markt.

Nun soll ein Überblick über die Ergebnisse der durchschnittlichen **Schätzreaktion** gegeben werden. Zunächst zeigt Abbildung 6.2 wiederum die Verteilung der durchschnittlichen Schätzreaktion pro Treatment und für alle Treatments zusammen.

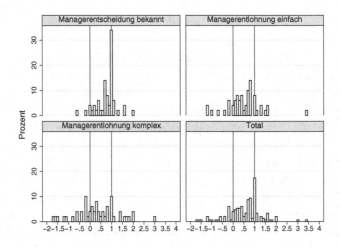

Abbildung 6.2.: Schätzreaktion pro Treatment

Beträgt die Schätzreaktion $\bar{\beta} = 1$, wurden die Schätzungen im Durchschnitt nach Maßgabe der Veränderung des intrinsischen Wertes angepasst. Die Abbildung zeigt, dass bei bekannter Managerentscheidung mehr Teilnehmer ihre Schätzungen nach Maßgabe der Änderung des intrinsischen Wertes anpassen als bei unbekannter

Managerentscheidung. Für $0 < \bar{\beta} < 1$ liegt eine Unterreaktion vor. Die Abbildung zeigt, dass dies für die Mehrzahl der Teilnehmer zutrifft. Eine Überreaktion liegt bei $\bar{\beta} > 1$ vor. Auch dieser Fall trifft auf einige Marktteilnehmer zu. Ist $\bar{\beta} < 0$, reagieren die Teilnehmer entgegen der Veränderung des intrinsischen Wertes. Dies ist ebenfalls für alle Treatments zu beobachten, jedoch insbesondere für Treatment 3. Während der intrinsische Wert nach einer positiven (negativen) Dividendenrealisation nach oben (unten) angepasst wird, passen diese Teilnehmer ihre Schätzung im Durchschnitt genau entgegengesetzt an. Des Weiteren wird ersichtlich, dass wenige Teilnehmer im Durchschnitt gar nicht auf Dividendenrealisationen reagieren.[3] Festzuhalten ist, dass die Mehrzahl der Experimentteilnehmer ihre Schätzungen nach einer Dividendenrealisation im Durchschnitt nicht nach Maßgabe der Änderung des intrinsischen Wertes anpasst. Dies veranschaulicht auch Tabelle 6.5. Sie gibt die durchschnittliche Schätzreaktion pro Person für jedes Treatment wieder.

Tabelle 6.5.: Durchschnittliche Schätzreaktion pro Treatment

Treatment	N	$\bar{\beta}$	Std. Abw.	Min.	Max.
Alle	150	0,54	0,77	-1,67	3,44
1	50	0,77	0,46	-0,62	2
2	50	0,5	0,76	-1,24	3,44
3	50	0,36	0,96	-1,67	2,96
2+3	100	0,43	0,87	-1,67	3,44

Tabelle 6.5 zeigt, dass die Schätzreaktion im Durchschnitt $\bar{\beta} = 0,54$ beträgt und somit unterreagiert wird. Dabei wird bei unbekannter Managerentscheidung stärker unterreagiert ($\bar{\beta}_{T2+3} = 0,43$) als bei bekannter Managerentscheidung ($\bar{\beta}_{T1} = 0,77$). Ebenso wird bei komplexer Entlohnung stärker unterreagiert ($\bar{\beta}_{T3} = 0,36$) als bei einfacher Entlohnung ($\bar{\beta}_{T2} = 0,5$).

---

[3]Tabelle A.7 im Anhang beschreibt wiederum die Verteilung der Schätzreaktion. Zur besseren Übersichtlichkeit wurden die Werte in der Abbildung gerundet.

Über die Schätzreaktion auf positive Signale wird ein Überblick mittels Abbildung 6.3 und Tabelle 6.6 gegeben.[4]

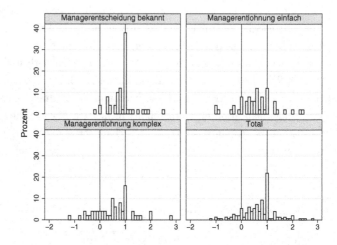

Abbildung 6.3.: Schätzreaktion pro Treatment: Positive Signale

Abbildung 6.3 zeigt, dass die durchschnittliche Schätzreaktion auf positive Signale für alle Treatments heterogen ist. Es wird wieder deutlich, dass die Streuung der Schätzreaktion bei unbekannter Managerentlohnung größer ist als bei bekannter Alternativenwahl. Zudem streut die Schätzreaktion bei komplexer Managerentlohnung etwas stärker als bei einfacher Managerentlohnung.

---

[4]Der Vollständigkeithalber wird im Anhang ein Überblick über die Schätzreaktion nach negativen Signalen gegeben. Vgl. Abbildung A.4 und Tabelle A.9.

Tabelle 6.6.: Durchschnittliche Schätzreaktion pro Treatment: Positive Signale

Treatment	N	$\overline{\beta^b}$	Std. Abw.	Min.	Max.
Alle	150	0,66	0,68	-1,2	2,8
1	50	0,88	0,47	-0,17	2,5
2	50	0,57	0,72	-1	2,4
3	50	0,54	0,78	-1,2	2,8
2+3	100	0,55	0,75	-1,2	2,8

Die durchschnittlichen Werte in Tabelle 6.6 zeigen, dass bei unbekannter Managerentscheidung (T2+3) weniger stark auf die Dividendenrealisation reagiert wird als bei bekannter Managerentscheidung (T1). Die Komplexität der Entlohnung (T3) scheint kaum zu einer stärkeren Unterreaktion im Vergleich zur einfachen Entlohnung (T2) zu führen.

Die folgende Abbildung 6.4 gibt einen Überblick über die **durchschnittliche subjektive Sicherheit bezüglich der Beutelwahl** bei unbekannter Managerentscheidung.

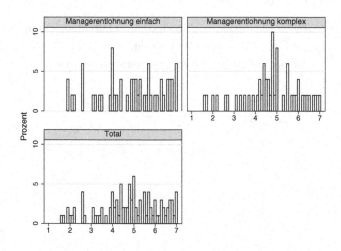

Abbildung 6.4.: Subjektive Sicherheit bezüglich der Beutelwahl

Dabei bedeutet ein Wert von 1, dass sich der Teilnehmer sehr unsicher ist, dass seine Einschätzung, welcher Beutel durch den Manager gewählt wurde, richtig ist. Bei einem Wert von 7 ist er hingegen sehr sicher. Die Abbildung zeigt sowohl für einfache als auch für komplexe Managerentlohnung, dass die Teilnehmer heterogen bezüglich dieser Einschätzung sind. Jedoch gibt es bei einfacher Managerentlohnung mehr Teilnehmer, die sich ziemlich sicher sind, dass ihre Einschätzung richtig ist, als bei komplexer Managerentlohnung.

Tabelle 6.7 gibt ergänzend einen Überblick über die durchschnittliche subjektive Sicherheit bei einfacher und komplexer Entlohnung:

Tabelle 6.7.: Durchschnittliche Subjektive Sicherheit bezüglich der Beutelwahl

Treatment	N	$\bar{c}^{org}$	Std. Abw.	Min.	Max.
2	50	4,86	1,50	1,9	7
3	50	4,72	1,35	1,6	7
2+3	100	4,79	1,42	1,6	7

Die Tabelle zeigt keinen Unterschied zwischen einfacher und komplexer Managerentlohnung. Ebenso besteht kaum ein Unterschied in der Streuung der subjektiven Sicherheit bezüglich der Beutelwahl.

Über die Verteilung der absoluten **Alternativenschätzabweichung** für Treatment 2 und 3 wird mit Abbildung 6.5 wieder ein graphischer Überblick gegeben. Außerdem werden die Ergebnisse beider Treatments zusammengefasst:[5]

---

[5]Wie bereits oben erläutert, liegen hierzu für Treatment 1 keine Daten vor, weil diese Angaben nicht gemacht werden mussten.

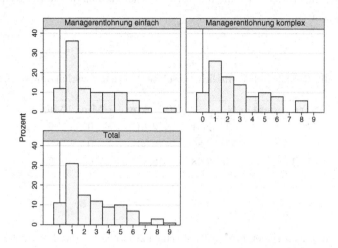

Abbildung 6.5.: Absolute Alternativenschätzabweichung bei unbekannter Managerentscheidung

Die Alternativenschätzabweichung beträgt 0, wenn ein Teilnehmer seine Alternativenschätzung ausgehend von seiner Anfangsschätzung immer nach dem Satz von Bayes anpasst. Sobald dies nicht der Fall ist, ist durchschnittliche Alternativenschätzabweichung größer Null, da die absoluten Werte gemittelt wurden. Somit hat ein Teilnehmer, dessen Alternativenschätzabweichung größer 0 ist, seine Schätzungen entweder stärker oder schwächer angepasst. Aus Abbildung 6.5 lässt sich wiederum ablesen, dass nur wenige Marktteilnehmer ihre Alternativenschätzung nach dem Satz von Bayes anpassen. Die Mehrzahl der Teilnehmer passt ihre Alternativenschätzung entweder stärker oder schwächer an.[6]

---

[6]Vgl. auch Tabelle A.10 zur Anzahl der Teilnehmer, die nach dem Satz von Bayes reagieren.

Folgende Tabelle 6.8 zeigt die durchschnittlichen absoluten Alternativenschätzabweichungen:

Tabelle 6.8.: Durchschnittliche absolute Alternativenschätzabweichung

Treatment	N	$\overline{\gamma}$	Std. Abw.	Min.	Max.
2	50	2,51	2,13	0	9
3	50	2,86	2,26	0	8,44
2+3	100	2,68	2,19	0	9

Die Werte zeigen keinen großen Unterschied zwischen der durchschnittlichen Alternativenschätzabweichung bei einfacher und bei komplexer Managerentlohnung. D. h., dass sich die Treatments nicht hinsichtlich der Änderung der Alternativenschätzung unterscheiden.

6.2.3. Überprüfung der Hypothesen

Im Folgenden stehen die Hauptrunden des Experiments im Fokus, die die Entlohnung der Experimentteilnehmer bestimmt haben. Wenn die Proberunden betrachtet werden, wird explizit darauf hingewiesen. Andernfalls beziehen sich die Ergebnisse immer auf die für die Teilnehmer zahlungsrelevanten Runden.

Im Abschnitt 5.1 wurde Hypothese **H1a** aus der Annahmenkombination 1 entwickelt. Diese nimmt an, dass Investoren rational sind und davon ausgehen, dass der Manager rational und somit seine Alternativenwahl antizipierbar ist. Dies sollte dazu führen, dass die Schätzungen des intrinsischen Wertes der Aktie durch die Investoren unverzerrt sind.

Für die Überprüfung dieser Hypothese, wie auch für die folgenden Hypothesen, wird die Variable Schätzabweichung ($\overline{\alpha}_g$) verwendet. Wenn die Schätzabweichung Null betragen würde, wären die Schätzungen unverzerrt. Ist die Schätzabweichung kleiner als Null, wird der erwartete intrinsische Wert der Aktie unterschätzt. Ist diese größer als Null, liegt eine Überschätzung vor.

Diese Hypothese wird auf unterschiedliche Arten untersucht. Zuerst werden alle Daten zusammen betrachtet, im Anschluss jedes Treatment einzeln. Mittels eines zweiseitigen t-Tests wird überprüft, ob die Schätzabweichungen $\overline{\alpha}_g$ signifikant unterschiedlich von Null sind. Zunächst wurden die Schätzabweichungen pro Person über alle Treatments $(-7, 89)$ zusammen betrachtet. Die Ergebnisse des t-Tests zeigen eine hoch signifikante Abweichung von Null $(t = -10, 47,\ p < 0,0001^{***})$.

Betrachtet man die Treatments isoliert, so unterscheiden sich alle durchschnittlichen Schätzabweichungen ebenfalls hoch signifikant von Null:

- Treatment 1: $\overline{\alpha}_{T1} = -3, 61\ (t = -3, 7277,\ p < 0,0001^{***})$

- Treatment 2: $\overline{\alpha}_{T2} = -8, 04\ (t = -7, 8023,\ p < 0,0001^{***})$

- Treatment 3: $\overline{\alpha}_{T3} = -12, 03\ (t = -7, 6666,\ p < 0,0001^{***})$

- Treatment 2 und 3: $\overline{\alpha}_{T2+3} = -10, 03\ (t = -10, 5056,\ p < 0,0001^{***})$

In allen Treatments schätzen die Teilnehmer im Mittel den intrinsischen Wert des Wertpapiers nicht richtig. Dies gilt auch für die erste Runde[7] und zum größten Teil für die Proberunden[8], somit kann keine unterstützende Evidenz für Hypothese **H1a** gefunden werden.

Ausgehend von der Annahmenkombination 2, nach der die Investoren zwar rational sind, sich aber nicht sicher sind, welche Alternative der Manager gewählt hat, wurde gezeigt, dass der durchschnittliche Erwartungswert sinkt, sobald die Investoren beiden Alternativen positive Wahrscheinlichkeiten zuordnen. Hieraus folgt nach Hypothese **H1b**, dass die Schätzungen bei unbekannter Alternativenwahl nach unten verzerrt sind.

Um diese Hypothese zu überprüfen, werden die durchschnittlichen Schätzabweichungen in Treatment 1 (bekannte Managerentscheidung) mit den durchschnittlichen Schätzabweichungen in Treatment 2 und 3 (unbekannte Managerentscheidung) verglichen. Insgesamt ergibt ein einseitiger t-Test einen hoch signifikanten Unterschied $(t = -4, 24,\ p < 0,0001^{***})$. Ein hoch signifikanter Unterschied $(t = -2, 5981,\ p = 0,0052^{***})$ liegt ebenfalls für die erste Runde vor[9], somit liegt unterstützende Evidenz für Hypothese **H1b** vor.

Schließlich wurde angenommen, dass bei komplexer Vergütung die Unsicherheit über die Alternativenwahl größer ist, daher wurde in Hypothese **H1c** angenommen, dass die Schätzungen bei komplexer Vergütung stärker verzerrt sind als bei einfacher Vergütung.

---

[7]Vgl. Tabelle A.5 im Anhang.

[8]Eine signifikante Abweichung findet sich für Treatment 1, Treatment 2 und 3 und alle Treatments zusammen. Für Treatment 2 und 3 isoliert weichen die Schätzungen im Mittel nicht signifikant vom intrinsischen Wert ab. Siehe auch Tabelle: A.6.

[9]In den Proberunden liegt kein signifikanter Unterschied vor $(t = -0, 87,\ p = 0, 3839)$.

Um diese Hypothese zu überprüfen, wird die mittlere Schätzabweichung bei einfacher Entlohnung des Managers mit der mittleren Schätzabweichung bei komplexer Entlohnung verglichen. Der Unterschied von einfacher versus komplexer Managerentlohnung ist laut den Ergebnissen eines einseitigen t-Tests signifikant ($t = 2,1267$, $p = 0,0180$**), dies gilt auch für die erste Runde ($t = 2,2578$, $p = 0,0131$**).[10] Diese Ergebnisse stützen Hypothese **H1c**.

Zunächst wurde in Abschnitt 5.1 wieder ausgehend von der Annahme, dass die Investoren rational sind und von einem rational handelnden Manager ausgehen, vermutet, dass sich die Schätzungen des intrinsischen Wertes der Aktie über die Zeit nach Maßgabe der Veränderung des intrinsischen Wertes verändern (**H2a**).

Für die folgenden Tests wird die mittlere **Schätzreaktion** $\overline{\beta}_g$ pro Person verwendet. Wenn jeder Teilnehmer alle Informationen wie ein rationaler Schätzer verarbeitet, dann ist ein Mittelwert von 1 zu erwarten. Liegt der Wert zwischen 0 und 1, so liegt eine Unterreaktion vor, die Schätzung wird nicht stark genug angepasst. Liegt der Wert über 1, lässt dies auf eine Überreaktion schließen, die Schätzung wird zu stark angepasst. Wenn der Wert kleiner als 0 ist, hat ein Teilnehmer entgegengesetzt zur Veränderung des intrinsischen Wertes reagiert.

Die Schätzreaktion wird mittels eines zweiseitigen t-Tests gegen 1 getestet: Wenn alle Treatments zusammen betrachtet werden, ergibt sich eine durchschnittliche Schätzreaktion von $0,54$ ($t = -7,25$, $p < 0,0001$***). Betrachtet man die Treatments isoliert, so ergibt sich folgende durchschnittliche Schätzreaktion:

- Treatment 1: $\overline{\beta}_{T1} = 0,77$ ($t = -3,48$, $p = 0,0011$***)

- Treatment 2: $\overline{\beta}_{T2} = 0,5$ ($t = -4,63$, $p < 0,0001$***)

- Treatment 3: $\overline{\beta}_{T3} = 0,36$ ($t = -4,74$, $p < 0,0001$***)

- Treatment 2 und 3: $\overline{\beta}_{T2+3} = 0,43$ ($t = -6,60$, $p < 0,0001$***)

Da sich alle Werte hoch signifikant von 1 unterscheiden, kann keine unterstützende Evidenz für Hypothese **H2a** festgestellt werden, die Teilnehmer passen ihre Schätzungen nicht nach Maßgabe der Veränderung des intrinsischen Wertes an.[11]

In Abschnitt 5.1 wurde dargelegt, dass die Reaktion auf eine Dividendenrealisation schwächer ausfällt, wenn Unsicherheit über die Alternativenwahl besteht, daher wird mit **H2b** vermutet, dass sich die Schätzungen bei unbekannter Alternativenwahl weniger stark verändern als bei bekannter Alternativenwahl.

---

[10]In den Proberunden liegt kein signifikanter Unterschied vor ($t = 0,5391$, $p = 0,5911$).

[11]Jedoch weicht die Schätzreaktion in Proberunden nicht signifikant von der rationalen Schätzreaktion ab, vgl. Tab.: **A.8**.

Für diese Hypothese wurde unterstützende Evidenz gefunden, die Schätzreaktion bei unbekannter (T2+3) ist signifikant kleiner als die Schätzreaktion bei bekannter Managerentscheidung (T1) ($t = -2,6448$, $p = 0,0045^{***}$).[12]

Für die Überprüfung des Einflusses der Komplexität der Vergütung wurde gezeigt, dass hinsichtlich Reaktion auf negative Dividendenrealisation keine eindeutige Aussage möglich ist, jedoch wurde auch gezeigt, dass nach positiven Signalen weniger stark auf diese reagiert wird, wenn größere Unsicherheit über die Alternativenwahl besteht. Daher wird mit Hypothese **H2c** vermutet, dass sich die Schätzungen nach positiven Signalen bei komplexer Entlohnung weniger stark verändern als bei einfacher Vergütung.

Zur Überprüfung dieser Hypothese wird die Schätzreaktion auf positive Signale betrachtet. Dazu wird Treatment 2 (einfache Entlohnung): $\overline{\beta}_{T2}^{b} = 0,57$ mit Treatment 3 (komplexe Entlohnung): $\overline{\beta}_{T3}^{b} = 0,54$ verglichen. Ein einseitiger t-Test ergibt keinen signifikanten Unterschied ($t = 0,2005$, $p = 0,4208$)[13] und damit auch unterstützende Evidenz für Hypothese **H2c**.

Schließlich wurde in Abschnitt 5.1 die Hypothese **H3** aufgestellt, dass die Investoren ihre Schätzungen ausgehend von ihren Anfangserwartungen Bayes-rational anpassen.

Um diese Hypothese zu testen, wird die absolute **Alternativenschätzabweichung** $\overline{\gamma}_g$ verwendet.

Die t-Tests zeigen eine signifikante Abweichung von 0. Dies gilt sowohl für die einfache Entlohnung (T2) $\overline{\gamma}_{T2}$ ($t = 8,3374$, $p < 0,0001^{***}$), die komplexe Entlohnung (T3) $\overline{\gamma}_{T3}$ ($t = 8,9423$, $p < 0,0001^{***}$) und beide zusammen $\overline{\gamma}_{T2+3}$ ($t = 12,25$, $p < 0,0001^{***}$), daher kann auch keine unterstützende Evidenz dafür gefunden werden, dass die Investoren ihre Schätzungen Bayes-rational anpassen.

6.2.4. Ergänzende Analysen

Im Folgenden soll untersucht werden, inwiefern eine für Alternative A repräsentative Farbfolge Einfluss auf die Schätzungen nimmt. Die Untersuchung repräsentiver Farbfolgen ist motiviert durch Camerer (1987), der in einem Marktexperiment eine signifikante Überreaktion auf repräsentative Farbfolgen feststellt. Für die Alternative A repräsentative Farbfolgen können nach Runde 2, 4, 6 und 8 vorliegen, wenn bis dahin gleich viele rote und blaue Kugeln gezogen wurden. Hierzu wurden nur die Daten bei unbekannter Managerentscheidung untersucht.

---

[12]In den Proberunden liegt kein signifikanter Unterschied vor ($t = -0,0476$, $p = 0,9621$).

[13]Für die Reaktion auf negative Signale (rote Kugeln) kann, wie erwartet, kein signifikanter Unterschied festgestellt werden.

Die folgende Tabelle 6.9 gibt die Anzahl der blauen Kugeln an, die insgesamt bis zur jeweiligen Runde gezogen wurden. Die fetten Zahlen sind für Alternative A (50 rote und 50 blaue Kugeln) repräsentative Ziehfolgen, es wurden also genauso viele rote wie blaue Kugeln gezogen.

Tabelle 6.9.: Vorkommen repräsentativer Farbfolgen (Da pro Treatment drei Sessions stattfanden, gelten die Farbfolgen für jeweils zwei Märkte.)

Treatment	2			3		
Runde 2	**1**	**1**	2	0	**1**	**1**
Runde 4	2	3	3	**2**	3	3
Runde 6	2	3	5	**3**	4	**3**
Runde 8	**4**	**4**	7	3	5	5

Schätzungen können davon beeinflusst sein, dass auf repräsentative Farbfolgen reagiert wird. Hierfür wird die Schätzreaktion untersucht. T_g^{rp} bezeichnet dabei die Anzahl der repräsentativen Farbfolgen, T_g^{nrp} die Anzahl der nicht repräsentativen Farbfolgen (die Mengen sind $\mathbf{T_g^{rp}}$ und $\mathbf{T_g^{nrp}}$).

Es werden die gemittelten Schätzreaktionen nach repräsentativen Folgen

$$\bar{\beta}_g^{rp} = \sum_{t \in \mathbf{T_g^{rp}}} \beta_{gt} \frac{1}{T_g^{rp}} \qquad (6.14)$$

in das Verhältnis zu den gemittelten Schätzreaktionen nach nicht repräsentativen Folgen

$$\bar{\beta}_g^{nrp} = \sum_{t \in \mathbf{T_g^{nrp}}} \beta_{gt} \frac{1}{T_g^{nrp}} \qquad (6.15)$$

gesetzt und damit die relative Schätzreaktion auf Farbfolgen berechnet:

$$\delta_g = \frac{\bar{\beta}_g^{rp}}{\bar{\beta}_g^{nrp}} \qquad (6.16)$$

Wenn $\delta_g = 1$ ist, gibt es keinen Unterschied in der Reaktion, ist die Abweichung größer als 1, so liegt eine stärkere positive Reaktion vor, ein Wert zwischen 0 und 1 zeigt eine schwächere Reaktion. Ein negativer Wert würde zeigen, dass entweder bei repräsentativen Farbfolgen oder bei nicht repräsentativen Farbfolgen entgegen der Veränderung des intrinsischen Wertes reagiert wird.[14] Abbildung 6.6 gibt eine Überblick über die Verteilung der relativen Schätzreaktion in Treatment 2 und 3, Tabelle 6.10 zeigt die durchschnittliche Schätzreaktion für Treatment 2 und 3 zusammen und pro Treatment.

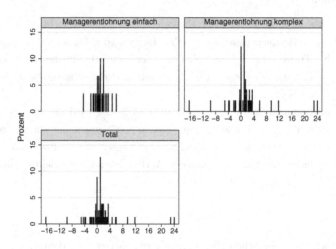

Abbildung 6.6.: Relative Schätzreaktion auf Farbfolgen bei unbekannter Managerentscheidung

Tabelle 6.10.: Relative Schätzreaktion auf Farbfolgen.

Treatment	N	$\bar{\delta}$	Std. Abw.	Min.	Max.
2	30	0,85	1,98	-4,36	6
3	49	1,51	6,08	-16,33	24
2+3	79	1,26	4,93	-16,33	24

Der t-Test gegen 1 zeigt keinen signifikanten Unterschied ($t = 0,4635$, $p = 0,6443$), dies gilt auch für Treatment 2 ($t = -0,4146$, $p = 0,6815$) und Treatment 3 ($t =$

---

[14]Wenn bei repräsentativen und bei nicht repräsentativen Farbfolgen nicht reagiert wird, wurde δ_g=1 angenommen, da in beiden Fällen die gleiche „Reaktion" vorliegt.

$0,5828$, $p = 0,5627$) isoliert. Somit scheint kein signifikanter Unterschied in der Reaktion auf repräsentative und nicht repräsentative Farbfolgen vorzuliegen.

6.3. Preisbildung und Handel

6.3.1. Maße

Für einen Markt m liegen in jeder Handelsrunde t Preisbeobachtungen aus dem Handel eines Wertpapiers durch zwei Teilnehmer vor (die Handelsregeln begrenzten eine einzelne Transaktion auf ein Stück des Wertpapiers). Für die Handelsrunde t an Markt m wird der Durchschnitt dieser einzelnen Preisbeobachtungen verwendet und mit p_{mt} bezeichnet.

Das Handelsvolumen auf einem Markt in einer Runde wird mit v_{mt} bezeichnet.

Um zu messen, inwieweit Marktpreise von den Schätzungen der Marktteilnehmer abweichen, wird für jeden Markt die Differenz zwischen dem Preis p_{mt} und der durchschnittlichen Schätzung des inneren Wertes durch die Teilnehmer an diesem Markt, $\bar{e}_{mt} = \sum_{g \in M} \frac{1}{10} e_{gt}$, bestimmt

$$\epsilon_{mt} = p_{mt} - \bar{e}_{mt} \qquad (6.17)$$

Analog wird die Abweichung des Preises vom inneren Wert definiert:

$$\zeta_{mt} = p_{mt} - x_{mt} \qquad (6.18)$$

Da die Teilnehmer finanzielle Anreize erhielten, den inneren Wert korrekt zu schätzen, sind in diesen Schätzungen keine Risikoabschläge oder Risikozuschläge aufgrund der individuellen Risikoeinstellungen der Marktteilnehmer enthalten. Dies gilt nicht für den Marktpreis, der sich von dem Durchschnitt der Schätzungen und vom inneren Wert aufgrund der Risikoeinstellungen der Marktteilnehmer unterscheiden kann. Nach dem Experiment wurde daher durch eine Standardabfrage in einem ex post Fragebogen die Risikoeinstellung der Teilnehmer abgefragt. Die Frage diente der Ermittlung der Indifferenzwahrscheinlichkeit für eine faire Lotterie (vgl. Anhang C.1), so dass die Antwort 50 % auf Risikoneutralität, eine Antwort über 50 % auf Risikoaversion und eine Antwort unter 50 % auf Risikofreude schließen lässt. Die Antwort eines Teilnehmers g wird im Folgenden als k_g bezeichnet und entsprechend der Abfrage auf das Intervall $[0, 10]$ normiert.[15] Die durchschnittliche Risikoeinstellung der Teilnehmer an einem Markt m wird mit k_m bezeichnet.

---

[15]Die Teilnehmer konnten Angaben bezüglich der gefärbten Felder eines Glücksrades mit 10 Feldern machen, vgl. Anhang C.1. Die Angabe 5 entsprach dabei einer Wahrscheinlichkeit von 50 %.

Die Preisreaktion $\Delta p_{mt} = p_{mt} - p_{mt-1}$ auf neue Informationen (Ziehung einer blauen oder roten Kugel) wird wie die Reaktionen in den individuellen Schätzungen relativ zur Änderung des inneren Wertes des Marktes $(\Delta x_{mt} = x_{mt} - x_{mt-1})$ gemessen:

$$\eta_{mt} = \frac{\Delta p_{mt}}{\Delta x_{mt}} \qquad (6.19)$$

Auch hier wird wieder nach Reaktion auf positive Signale (blau) und negative Signale (rot) differenziert. T_{mb} bezeichne die Anzahl der Runden, in denen eine blaue Kugel gezogen wurde und T_{mr} die Anzahl der Runden, in denen eine rote Kugel gezogen wurde (es gilt wiederum $T_{mb} + T_{mr} = 10$, die Menge der Runden wird erneut fett gesetzt).

Die mittlere Preisreaktion auf eine blaue Kugel beträgt:

$$\bar{\eta}_m^b = \sum_{t \in \mathbf{T_{mb}}} \frac{1}{T_{mb}} \eta_{mt} \qquad (6.20)$$

die Preisreaktion auf eine rote Kugel:

$$\bar{\eta}_m^r = \sum_{t \in \mathbf{T_{mr}}} \frac{1}{T_{mr}} \eta_{mt} \qquad (6.21)$$

Aus theoretischen Überlegungen (vgl. Abschnitt 5.1) geht hervor, dass das Ausmaß der Heterogenität in den Schätzungen der Teilnehmer an einem Markt einen Einfluss auf den Marktpreis haben kann. Als Maß für die Heterogenität der Schätzungen wird im Folgenden die Standardabweichung der individuellen Schätzungen der einzelnen Marktteilnehmer verwendet.

Streuung der Schätzung als Standardabweichung:

$$\sigma_{mt}(e) = \sqrt{\frac{1}{10-1} \sum_{g \in M} (e_{gt} - \bar{e}_{mt})^2} \text{ mit } \bar{e}_{mt} = \frac{1}{10} \sum e_{gt} \qquad (6.22)$$

6.3.2. Deskriptive Statistik

Zunächst soll wieder ein Überblick über die Verteilung der Messgrößen gegeben werden. Im Folgenden wird eine Übersicht über die durchschnittlichen **Preise** und **Schätzungen** pro Treatment und pro Runde gegeben (Abbildung 6.7).

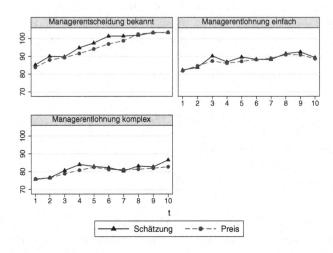

Abbildung 6.7.: Preise und Schätzungen pro Treatment

Die Abbildung 6.7 zeigt, dass die Preise zumeist unter, aber dennoch nahe an den Schätzungen liegen. Somit scheinen verzerrte Schätzungen zu verzerrten Preisen zu führen. Ein Unterschied zwischen den Treatments hinsichtlich der Abweichung der Preise von den Schätzungen wird nicht ersichtlich.

Offensichtlich hat eine etwaige Risikoaversion der Marktteilnehmer nicht den in Bewertungsmodellen typischen Risikoabschlag zur Folge. In Abschnitt 4.5.3.2 wurde gezeigt, dass auch ein risikoaverser Martktteilnehmer bei dem im Experiment verwendeten Anreizsystem den intrinsischen Wert der Aktie (und nicht einen etwa um einen Risikoabschlag verminderten Wert) schätzen sollte. Ausgehend von den Schätzungen würde man daher bei Risikoaversion erwarten, dass die Kurse unter den Schätzungen liegen.

Tabelle 6.11 gibt einen Überblick über die durchschnittliche Abweichung zwischen Preis und den Schätzungen pro Treatment, bei unbekannter Managerent-

scheidung (T2+3) und über alle Treatments zusammen.[16] Auch anhand Tabelle
6.11 zeigt sich, dass die durchschnittlichen Preise nahe an den Schätzungen liegen,
da die Abweichung im Durchschnitt über alle Treatments $\bar{\epsilon} = -1,23$ beträgt. Diese
Abweichung entspricht einem Risikoabschlag von der durchschnittlichen Schätzung,
der beispielsweise bei bekannter Managerentscheidung (T1) nur $\frac{1,71}{96,89} = 1,76\%$ beträgt. Aus diesem Grunde wird im Folgenden davon ausgegangen, dass die Preise
nicht durch die Risikoeinstellung der Marktteilnehmer erklärt werden können. Dies
ist in experimentellen Märkten nicht ungewöhnlich.[17] Auch wird kein großer Unterschied zwischen den Treatments ersichtlich. Die Abbildungen A.5 bis A.7 geben
ergänzend eine Übersicht über die durchschnittlichen Schätzungen und Preise pro
Markt.

Tabelle 6.11.: Durchschnittliche Abweichung zwischen Preisen und den Schätzungen

Treatment	N	$\bar{\epsilon}$	Std. Abw.	Min	Max
Alle	150	-1,23	5,14	-22,43	8,27
1	50	-1,71	6,81	-22,43	7,56
2	50	-0,79	3,36	-7,27	8,27
3	50	-1,18	4,71	-16,5	6,01
2+3	100	-0,99	4,07	-16,5	8,27

---

[16]Vgl. Tabelle A.14 für einen Überblick über durchschnittliche Abweichung zwischen Preis
und den intrinsischen Wert in den Proberunden.

[17]So finden sich in den Studien von Gillette et al. (1999) und Bloomfield et al. (2000) keine
Analysen zu solchen Abhängigkeiten. Nosic/Weber (2009) stellen keinen signifikanten Einfluss
fest.

Abbildung 6.8 zeigt die durchschnittlichen **Preise** pro Runde pro Treatment und zum Vergleich die **intrinsischen Werte.**

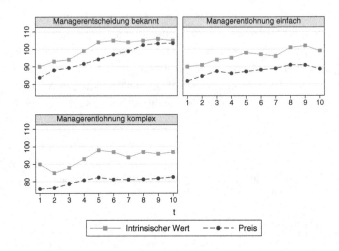

Abbildung 6.8.: Preise und intrinsische Werte pro Treatment

Abbildung 6.8 kann entnommen werden, dass die durchschnittlichen Preise bei bekannter Managerentlohnung (T1) weniger stark vom intrinsischen Wert abweichen als bei einfacher (T2) und bei komplexer (T3) Managerentlohnung.

Tabelle 6.12 gibt einen Überblick über die durchschnittliche Preisabweichung pro Treatment und zeigt ebenfalls den Unterschied zwischen bekannter ($\overline{\zeta}_{T1} = -5,31$) und unbekannter Managerentscheidung ($\overline{\zeta}_{T2+3} = -11,02$). Ebenfalls scheint ein Unterschied zwischen einfacher ($\overline{\zeta}_{T2} = -8,83$) und komplexer ($\overline{\zeta}_{T3} = -13,21$) Entlohnung zu bestehen.

Tabelle 6.12.: Durchschnittliche Preisabweichung

Treatment	N	$\bar{\zeta}$	Std. Abw.	Min	Max
Alle	150	-9,12	9,02	-35	5,43
1	50	-5,31	8,14	-28,13	5,43
2	50	-8,83	7,77	-26,43	3,27
3	50	-13,21	9,42	-35	1,71
2+3	100	-11,02	8,87	-35	3,27

Im Anhang werden in den Abbildungen A.8 bis A.10 die durchschnittlichen Preise und intrinsischen Werte pro *Markt* pro Handelsrunde und in den Tabellen A.15 bis A.17 die durchschnittliche Preisabweichung wiedergegeben. Außerdem wird in Tabelle A.18 ein Überblick über die durchschnittliche Preisabweichung in den Proberunden gegeben.

Nun wird die **Preisreaktion** $\bar{\eta}$ betrachtet. Abbildung 6.9 gibt einen Überblick über die durchschnittliche Preisreaktion pro Runde je Treatment.

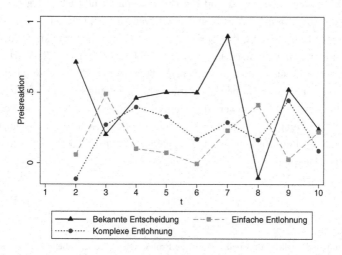

Abbildung 6.9.: Preisreaktion pro Treatment

Die Abbildung 6.9 zeigt, dass im Durchschnitt auf Dividendenrealisationen unterreagiert wird. Ein Unterschied zwischen den Treatments wird auf den ersten Blick
nur insofern ersichtlich, dass die Schätzreaktion bei bekannter Managerentlohnung
volatiler zu sein scheint. Tabelle 6.13 gibt einen Überblick über die durchschnittliche Preisreaktion pro
Treatment. Die Tabellen 6.14 und 6.15 geben zusätzlich einen Überblick über die
Reaktion auf positive Dividendensignale (blaue Kugeln) und auf negative Dividendensignale (rote Kugeln).[18]

Tabelle 6.13.: Durchschnittliche Preisreaktion

Treatment	N	$\overline{\eta}$	Std. Abw.	Min	Max
Alle	135	0,28	0,57	-2,07	2,8
1	45	0,44	0,69	-2,07	2,8
2	45	0,18	0,52	-1,10	1,33
3	45	0,23	0,44	-0,84	1,08
2+3	90	0,20	0,48	-1,10	1,33

Die Tabelle 6.13 zeigt ebenfalls, dass im Durchschnitt über alle Treatments
($\overline{\eta} = 0,28$) unterreagiert wird und die Preise somit nicht nach Maßgabe der Änderung des intrinsischen Wertes angepasst werden. Zudem zeigt sich, dass bei
unbekannter Entscheidung ($\overline{\eta}_{T2+3} = 0,20$) eine stärkere Unterreaktion vorliegt als
bei bekannter Managerentscheidung ($\overline{\eta}_{T1} = 0,44$), jedoch liegen die Werte bei bekannter Managerentscheidung in einem größeren Intervall. Ebenso ist die Standardabweichung größer als bei unbekannter Managerentscheidung. Es scheint ein
Unterschied zwischen einfacher Managerentlohnung ($\overline{\eta}_{T2} = 0,18$) und komplexer
Managerentlohnung ($\overline{\eta}_{T3} = 0,23$) zu bestehen, jedoch ist auch in diesem Fall die
Standardabweichung bei einfacher Managerentlohnung größer als bei komplexer
Managerentlohnung.

---

[18]Die durchschnittliche Preisreaktion für die Proberunden wird in Tabelle A.19 zusammengefasst. Da insgesamt nur drei Ziehungen stattfanden, wird auf eine Differenzierung der Preisreaktion auf positive und negative Signale verzichtet.

Tabelle 6.14.: Durchschnittliche Preisreaktion auf positive Signale

Treatment	N	$\overline{\eta^b}$	Std. Abw.	Min	Max
Alle	83	0,43	0,53	-0,99	2,8
1	30	0,66	0,57	-0,24	2,8
2	27	0,28	0,53	-0,99	1,33
3	26	0,33	0,39	-0,68	1,08
2+3	53	0,30	0,46	-0,99	1,33

Tabelle 6.15.: Durchschnittliche Preisreaktion auf negative Signale

Treatment	N	$\overline{\eta^r}$	Std. Abw.	Min	Max
Alle	52	0,04	0,55	-2,07	0,98
1	15	-0,0008	0,72	-2,07	0,66
2	18	0,03	0,48	-1,10	0,84
3	19	0,092	0,47	-0,84	0,98
2+3	37	0,063	0,47	-1,10	0,98

Die Tabellen 6.14 und 6.15 zeigen, dass im Durchschnitt sowohl auf negative $(\overline{\eta^r} = 0,04)$ als auch auf positive Signale $(\overline{\eta^b} = 0,43)$ unterreagiert wird. Dies lässt sich damit erklären, dass ein positives (negatives) Signal gleichzeitig ein negatives (positives) Signal hinsichtlich der Beutelwahl ist. Für positive Signale besteht weiterhin ein Unterschied zwischen bekannter und unbekannter Managerentscheidung. Auf negative Signale wird schwächer reagiert als auf positive. Hierfür lässt sich keine rationale Erklärung finden.

Mit Abbildung 6.10 und Tabelle 6.16 soll zunächst wieder ein Überblick über das durchschnittliche **Handelsvolumen** pro Treatment gegeben werden.

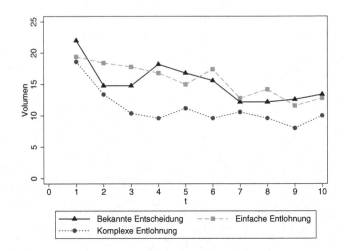

Abbildung 6.10.: Handelsvolumen pro Treatment

Tabelle 6.16.: Durchschnittliches Handelsvolumen

Treatment	N	$\bar{v}$	Std. Abw.	Min	Max
Alle	150	13,99	7,01	2	36
1	50	15,26	6,28	6	32
2	50	15,62	8,16	3	36
3	50	11,1	5,52	2	22
2+3	100	13,36	7,29	2	36

Die Abbildung 6.10 zeigt, dass das Handelsvolumen im Zeitablauf abnimmt. Das Handelsvolumen bei komplexer Entlohnung (T3) liegt unter dem Handelsvolumen bei bekannter Managerentscheidung (T1) und bei einfacher Entlohnung (T2).

Im Durchschnitt ist das Handelsvolumen bei unbekannter Managerentscheidung ($\overline{v}_{T2+3} = 13, 36$) niedriger als bei bekannter Managerentscheidung ($\overline{v}_{T1} = 15, 26$).

Die Abbildungen A.11 bis A.13 im Anhang geben wieder ergänzend einen Überblick über das Handelsvolumen der einzelnen *Märkte*. Diesen Abbildungen ist auch zu entnehmen, dass in jeder Runde Handel stattfindet und somit das Handelsvolumen immer größer Null ist.

Ein Überblick über die Standardabweichung der Schätzungen $\sigma(e)$ findet sich bereits in Tabelle 6.4 in Abschnitt 6.2.2.

6.3.3. Überprüfung der Hypothesen

6.3.3.1. Marktpreise

Im Folgenden sollen die Preise als abhängige Variable mittels einer multiplen Regression erklärt werden.[19] Dazu wird der Einfluss folgender unabhängiger Variablen untersucht: der Einfluss des intrinsischen Wertes (x_{mt}), der Streuung der Schätzungen ($\sigma(e_{mt})$), der Rundenanzahl (t), einer Dummyvariablen für unbekannte Managerentscheidung d_{T2+3}, einer Dummyvariablen für komplexe Managerentscheidung d_{T3} und schließlich der Einfluss der durchschnittlichen Abweichung der Schätzabweichung eines Marktes von der durchschnittlichen Schätzabweichung des Treatments ($\Delta \overline{\alpha}_m^{Treatment}$).

Der *intrinsische Wert* (x_{mt}) ist der beste Schätzer für den Preis bei risikoneutraler Bewertung. Wenn die Investoren risikoneutral sind, den Manager für rational halten und damit seine Wahl antizipiert haben, sollte der Preis dem intrinsischen Wert entsprechen. Somit sollte der intrinsische Wert einen positiven Einfluss haben (vgl. **H5a**).

Im dritten Schritt in Abschnitt 5.2 wird vermutet, dass mehr Heterogenität in den Erwartungen zu einem niedrigeren Preis führt, daher wird ein negativer Einfluss für die *Streuung der Schätzung* generell, gemessen als Standardabweichung ($\sigma(e_{mt})$), erwartet.

In Abschnitt 5.2 wurde ebenfalls diskutiert, dass bei Unsicherheit über den Endwert der Aktie die Investoren einen Risikoabschlag verlangen. Dieser müsste jedoch im Zeitablauf sinken, da die Unsicherheit über den Endwert der Aktie abnimmt. Daher wird von der Variablen Handelsrunde t ein positiver Einfluss erwartet, da mit zunehmender Rundenzahl die Unsicherheit über den intrinsischen Endwert und mit ihr der Risikoabschlag im Kurs abnimmt.

---

[19]Im Folgenden werden neben parametrischen Tests auch nicht-parametrische Tests verwendet, sobald eine (Teil-)Stichprobe weniger als 30 Beobachtungen umfasst. Ein Beispiel hierfür sind die Proberunden, da pro Treatment nur 15 Durchschnittspreise vorliegen.

Da vermutet wird, dass die verzerrten Schätzungen zu verzerrten Preisen führen, wird erwartet, dass die Preise bei unbekannter Alternativenwahl gegenüber bekannter Alternativenwahl nach unten verzerrt sind (vgl. **H5b**). Daher wird eine Dummyvariable „unbekannte Managerentscheidung" eingeführt, die einen Wert von 1 annimmt, wenn Treatment 2 oder Treatment 3 vorliegt, und einen Wert von Null bei Treatment 1.

Weil die Schätzungen bei komplexer Entlohnung (T3) stärker verzerrt sind als bei einfacher Entlohnung (T2), wird erwartet, dass die Komplexität der Vergütung ebenfalls zu einer stärkeren Verzerrung der Preise nach unten führt (vgl. **H5c**). Hierfür wird ebenfalls einen Dummyvariable „komplexe Managerentlohnung" definiert, die einen Wert von 1 annimmt, wenn Treatment 3 vorliegt.

Schließlich sind die Effekte der einzelnen Märkte zu berücksichtigen. Daher wird die Abweichung der Verzerrung der Schätzungen eines individuellen Marktes von der Verzerrung des zugehörigen Treatments berücksichtigt. $\Delta \overline{\alpha}_m^{Treatment}$ ist wie folgt definiert:

$$\Delta \overline{\alpha}_m^{Treatment} = \overline{\alpha}_m - \overline{\alpha}_{Treatment} \tag{6.23}$$

Auch für diese Variable wird ein negativer Einfluss vermutet.

Die gesamte lineare Regressionsgleichung mit zufälligen marktspezifischen Effekten[20] lautet:

$$\begin{aligned} p_{mt} = & \ \beta_1 + \beta_2 \cdot x_{mt} + \beta_3 \cdot \sigma(e_{mt}) + \beta_4 \cdot t + \\ & + \beta_5 \cdot d_{T2+T3} + \beta_6 \cdot d_{T3} + \beta_7 \cdot \Delta \overline{\alpha}_m^{Treatment} + u_{it} \end{aligned} \tag{6.24}$$

---

[20]Dies liegt darin begründet, dass die Preisbeobachtungen pro Markt nicht unabhängig voneinander sind.

Tabelle 6.17 zeigt das Ergebnis der Regressionsschätzung:

Tabelle 6.17.: Regression Preise I

Variable	Wert	Std. Fehl.	z	p
Konstante	50,79	6,86	7,40	0,000***
x	0,42	0,07	5,65	0,000***
$\sigma(e)$	-0,11	0,11	-1,06	0,291
t	0,66	0,17	3,82	0,000***
d_{T2+T3}	-5,83	1,91	-3,05	0,002***
d_{T3}	-5,83	1,9	-3,07	0,002***
$\Delta\bar{\alpha}^{Treatment}$	0,71	0,17	4,17	0,000***
R^2 insg.	0,6708			
N	150			

Die Ergebnisse zeigen zwar, dass der Preis durch den intrinsischen Wert erklärt werden kann, jedoch wird der intrinsische Wert nur zum Teil im Preis widergespiegelt, der Regressionskoeffizient beträgt nur 0,42.

Der Einfluss der Streuung der Schätzungen $\sigma(e_t)$ ist wie erwartet negativ, jedoch nicht statistisch signifikant.

Zudem hat die Rundenanzahl einen signifikant positiven Einfluss, d. h. mit zunehmender Rundenzahl steigt der Preis.

Die Ergebnisse zeigen, dass die Preise signifikant von den Treatmentvariablen beeinflusst werden. So ist der Preis signifikant niedriger, wenn die Managerentscheidung unbekannt (d_{T2+3}) ist. Dieses Ergebnis wird auch durch einen einseitigen t-Test gestützt: die durchschnittliche Preisabweichung ($\bar{\zeta}$) bei bekannter Managerentscheidung ($\bar{\zeta}_{T1} = -5,31$) ist hoch signifikanten kleiner ($t = 3,8172$, $p = 0,0001***$) als die durchschnittliche Preisabweichung bei unbekannter Entscheidung ($\bar{\zeta}_{T2+T3} = -11,02$).[21] Somit wird unterstützende Evidenz für **H5b** gefunden, **H5a** muss dagegen abgelehnt werden.

Die Variable komplexe Managerentlohnung (d_{T3}) hat einen zusätzlichen signifikant negativen Einfluss. Auch dieses Ergebnis wird von einem einseitigen t-Test gestützt, die Preisabweichungen (ζ) bei einfacher Managerentlohnung ($\bar{\zeta}_{T2} = -8,83$)

---

[21]In den Proberunden liegt nach dem Wilcoxon Rangsummen-Test kein signifikanter Unterschied vor ($z = -1,324$, $p = 0,1854$).

ist hoch signifikant kleiner als bei komplexer Managerentlohnung ($\bar{\zeta}_{T3} = -13,21$). Es wird ein hoch signifikanter Unterschied ($t = 2,5345$, $p = 0,0064^{**}$) festgestellt.[22] Daher findet sich Evidenz für Hypothese **H5c**.

Die Schätzabweichungen der Märkte von der durchschnittlichen Schätzabweichung pro Treatment haben ebenfalls Einfluss auf die Preise.

Hypothese **H4** vermutet, dass die Aktienkurse unter den Schätzungen liegen und dass diese Differenz im Zeitablauf sinkt. Um diese Hypothese zu testen wird die obige Regression wiederholt, jedoch wird diesmal statt des intrinsischen Wertes (x_{mt}) die durchschnittliche Schätzung pro Runde je Markt ($\bar{e}_{mt}$) verwendet. Die anderen Variablen bleiben gleich:

$$
\begin{aligned}
p_{mt} =\ & \beta_1 + \beta_2 \cdot \bar{e}_{mt} + \beta_3 \cdot \sigma(e_{mt}) + \beta_4 \cdot t + \beta_5 \cdot \bar{k}_m \\
& + \beta_6 \cdot d_{T2+T3} + \beta_7 \cdot d_{T3} + \beta_8 \cdot \Delta\bar{\alpha}_m^{Treatment} + u_{it}
\end{aligned} \tag{6.25}
$$

Tabelle 6.18.: Regression Preise II

Variable	Wert	Std. Fehl.	z	p
Konstante	14,01	7,84	1,79	0,074*
$\bar{e}$	0,80	0,08	9,65	0,000***
$\sigma(e)$	0,22	0,09	2,54	0,011**
t	0,29	0,15	1,93	0,053*
d_{T2+T3}	-1,1	1,99	-0,55	0,582
d_{T3}	-2,10	1,95	-1,08	0,280
$\Delta\bar{\alpha}^{Treatment}$	0,3	0,17	1,70	0,089*
R^2 insg.	0,7282			
N	150			

Der Einfluss der Schätzungen auf die Preise ist statistisch hoch signifikant positiv. Ergänzende einseitige t-Tests, die nur die Abweichung der Preise von den Schätzungen (ϵ) berücksichtigen, zeigen, dass diese über alle Treatments zusammen signifikant kleiner Null ist ($t = -2,9217$, $p = 0,002^{***}$). Der Abweichung der Preise von den Schätzungen ist auch bei bekannter Managerentlohnung ($t = -1,7714$,

---

[22]Für die Proberunden wird jedoch ebenfalls ein signifikanter Unterschied festgestellt: Wilcoxon Rangsummen-Test ($z = 2,219$, $p = 0,0265^{**}$).

$p = 0,0414^{*}$), unbekannter Managerentlohnung ($t = -2,4186$, $p = 0,0087^{***}$) bzw. bei einfacher Managerentlohnung ($t = -1,6666$, $p = 0,0510^{*}$) und komplexer Managerentlohnung ($t = -1,7700$, $p = 0,0415^{*}$) signifikant kleiner Null.[23]

Die Streuung der Schätzungen hat einen signifikant positiven Einfluss auf den Preis.

Die Regression zeigt, dass nach der Ersetzung des intrinsischen Wertes durch die durchschnittlichen Schätzungen die Signifikanz der Treatmentvariablen gegenüber der ersten Regression nicht mehr gegeben ist. Die Treatmenteffekte wirken über die Schätzungen auf den Preis. Es gibt hingegen keinen direkten Einfluss der Treatmentvariablen auf etwaige Verzerrung im Preis, etwa über die Marktliquidität.

Die Regression zeigt zwar, dass die Rundenzahl t einen statistisch signifikant positiven Einfluss hat. Wird jedoch isoliert untersucht, ob die Differenz zwischen Preis und Schätzung im Zeitablauf sinkt, findet sich kein statistisch signifikanter Unterschied. Hierzu wurde die durchschnittliche Abweichung zwischen Preis und intrinsischem Wert der ersten drei (fünf) Runden mit den letzten drei (fünf) Runden verglichen, dabei ergaben die t-Tests bzw. die Mann-Whitney U-Tests[24] keinen signifikanten Unterschied. Auch eine Regression, die die Abweichung der Preise von den Schätzungen mit den gleichen unabhängigen Variablen (bis auf iw oder $\bar{e}$) wie die obigen Regressionen zu erklären sucht, zeigt keinen statistisch signifikanten Einfluss der Rundenzahl. Somit kann insgesamt keine Evidenz für Hypothese **H4** gefunden werden.

Um die Hypothesen zur Veränderung der Preise zu testen, wird die Variable **Preisreaktion** (η) verwendet. Diese Variable nimmt den Wert 1 an, wenn sich die Preise genauso stark ändern wie die intrinsischen Werte. Ein Wert kleiner 1 bedeutet, dass die Preise unterreagieren. Ist der Wert größer 1 liegt eine Überreaktion vor. Sollte der Wert negativ sein, reagiert der Preis entgegengesetzt zur Veränderung des intrinsischen Wertes.

Zunächst wird überprüft, ob sich die Preise über die Zeit nach Maßgabe der Veränderung des intrinsischen Wertes verändern (**H6ai**). Dies sollte der Fall sein, wenn die Investoren rational sind und annehmen, dass der Manager Alternative A gewählt hat. Es werden zweiseitige t-Tests durchgeführt, die die Preisreaktion gegen 1 testen:

- Alle: $\overline{\eta} = 0,28$; $t = -14,68$; $p < 0,001^{***}$
- T 1: $\overline{\eta}_{T1} = 0,44$; $t = -5,46$; $p < 0,001^{***}$

[23]In den Proberunden liegen die Preise nicht signifikant ($t = 0,7197$, p=0,4755) unter den Schätzungen, wenn alle Treatments zusammen betrachtet werden. Auf eine Betrachtung der einzelnen Treatments wird aufgrund der kleinen Stichprobe ($n = 15$) verzichtet.

[24]Die Teilstichproben je Treatment waren kleiner 30.

- T 2: $\overline{\eta}_{T2} = 0,18$; $t = -10,56$; $p < 0,001^{***}$

- T 3: $\overline{\eta}_{T3} = 0,23$; $t = -11,82$; $p < 0,001^{***}$

- T 2+3: $\overline{\eta}_{T2+3} = 0,20$; $t = -15,76$; $p < 0,001^{***}$

Die Preisreaktion unterscheidet sich für alle Treatments hoch signifikant von 1, somit kann keine unterstützende Evidenz für Hypothese **H6ai** gefunden werden. Die Preise verändern sich nicht nach Maßgabe der Schätzungen, dies wurde auch schon aus Abbildung 6.9 ersichtlich.[25]

Nun soll überprüft werden, ob die Preise auf ein positives Signal stärker und auf ein negatives Signal schwächer als der intrinsische Wert reagieren (Hypothese **H6aii**). Dies sollte der Fall sein, wenn die Investoren ihren Risikoabschlag nach Bekanntwerden einer Dividende senken.

Die Schätzreaktion auf positive Signale wird dazu mittels eines einseitigen t-Tests darauf getestet, ob sie größer als 1 ist:

- Alle: $\overline{\eta}^b = 0,43$; $t = -9,7653$; $p > 0,999$

- T 2+3: $\overline{\eta}^b_{T2+3} = 0,30$; $t = -10,9615$; $p > 0,999$

Für negative Signale wird die Schätzreaktion mittels eines einseitigen Tests auf kleiner als 1 getestet.

- Alle: $\overline{\eta}^r = 0,04$; $t = -12,5268$; $p < 0,0001^{***}$

- T 2+3: $\overline{\eta}^r_{T2+3} = 0,063$; $t = -12,0588$; $p < 0,0001^{***}$

Die t-Tests zeigen, dass sowohl auf positive Signale als auch auf negative Signale unterreagiert wird, es findet sich daher keine Evidenz für **H6aii**.[26]

Da eine Dividendenrealisation zusätzlich ein Signal über die Alternativenwahl beinhaltet und dieses entgegengesetzt zur Dividendenrealisation ist, wird erwartet, dass sich bei unbekannter Alternativenwahl die Preise weniger stark als bei bekannter Alternativenwahl verändern (**H6b**).

Ein einseitiger t-Test zeigt, dass die Preisreaktion ($\overline{\eta}$) bei unbekannter Managerentscheidung signifikant ($t = 2,3031$, $p = 0,0114^{**}$) kleiner ist als bei bekannter Managerentscheidung.[27] Das Ergebnis stützt Hypothese **H6b**.

---

[25]Für die Proberunden liegt für alle Treatments zusammen ebenfalls eine signifikante Unterreaktion vor ($t = -3,5007$, $p = 0,0015$).

[26]Für die Treatments isoliert sind die Stichproben zu klein, um t-Tests durchzuführen.

[27]Für die Proberunden besteht kein signifikanter Unterschied, da die Stichproben klein sind, wurde ein Wilcoxon Rangsummen-Test ($z = 0,880$; $p = 0,3789$) durchgeführt.

Abschließend wird hinsichtlich der Preise die Hypothese **H6c** überprüft. Es wird vermutet, dass bei größerer Unsicherheit über die Alternativenwahl, also bei komplexer Vergütung, sich die Preise nach positiven Signalen weniger stark verändern als bei einfacher Vergütung.

Ein Wilcoxon Rangsummen-Test zeigt keinen signifikanten Unterschied ($z = -0,374$, $p = 0,7087$)[28] zwischen einfacher ($\bar{\eta}^b_{T2} = 0,28$) und komplexer Managerentlohnung ($\bar{\eta}^b_{T3} = 0,33$), somit liegt keine Evidenz für **H6c** vor.

6.3.3.2. Handelsvolumen

Um das Handelsvolumen zu erklären, werden in der Regression zum Großteil die gleichen Variablen verwendet wie für die Regression zu den Preisen:

Jedoch wird als eine erklärende Variable die Veränderung des Aktienkurses Δp verwendet. Für diese Variable wird ein positiver Einfluss erwartet, da bei höheren Kursschwankungen grundsätzlich höhere Gewinne zu erzielen sind.

Die Rundenvariable (t) steht für den Zeitablauf. Es wird erwartet, dass dieser einen negativen Einfluss auf das Handelsvolumen hat (vgl. **H7**).

Die Streuung der Schätzungen ($\sigma(e)$) wird als Variable für die „differences of opinion" verwendet. Für den Einfluss dieser Variablen kann jedoch keine eindeutige Vorhersage getroffen werden (vgl. Fälle 1-3 in Abschnitt 5.3).

Für die Treatmentvariablen „unbekannte Managerentscheidung" (d_{T2+3}) und „komplexe Entlohnung" (d_{T3}) wird ebenfalls keine Vorhersage getroffen.

Es wird wiederum der individuelle Einfluss der Märkte ($\Delta \bar{\alpha}^{Treatment}_{asm}$) berücksichtigt, auch hier wurde von einer Vorhersage abgesehen.

---

[28]Gleiches gilt für negative Signale

Tabelle 6.19.: Regression Handelsvolumen

Variable	Wert	Std. Fehl.	z	p
Konstante	16,69	2,75	6,08	0,000***
Δp	0,11	0,13	0,85	0,395
t	-0,51	0,13	-3,99	0,000 ***
$\sigma(e)$	0,08	0,09	0,91	0,362
T2+3	0,72	3,54	0,20	0,839
T3	-5,05	3,53	-1,43	0,153
$\Delta\bar{\alpha}^{Treatment}$	-0,25	0,31	-0,81	0,416
R^2 insg.	0,1994			
N	135			

Die Regression in Tabelle 6.19 zeigt, dass die Rundenanzahl, wie erwartet, einen signifikant negativen Einfluss hat.

Die Kursänderung hat einen positiven, jedoch nicht signifikanten Einfluss. Gleiches gilt für die Streuung der Schätzungen.

Für die Treatmentvariablen kann kein statistisch signifikanter Einfluss festgestellt werden.

Für die durchschnittliche Abweichung der Schätzungen eines Marktes der durchschnittlichen Abweichung pro Treatment liegt ein negativer, nicht signifikanter Einfluss vor.

Ergänzende t-Tests, mittels derer das Handelsvolumen auf Treatmenteffekte untersucht wird, zeigen, dass kein statistisch signifikanter Unterschied ($t = 1,5733$, $p = 0,1178$) zwischen bekannter ($\bar{v}_{T1} = 15,26$) und unbekannter ($\bar{v}_{T2+3} = 13,36$) Managerentscheidung besteht. Ein einseitiger t-Test belegt jedoch, dass das Handelsvolumen bei komplexer Managerentlohnung ($\bar{v}_{T3} = 11,1$) hoch signifikant niedriger ($t = 3,2447$, $p = 0,0008^{***}$) als bei einfacher Managerentlohnung ($\bar{v}_{T2} = 15,62$) ist. Das Volumen bei komplexer Managerentlohnung ist ebenfalls signifikant kleiner ($t = 3,5209; 0,0003^{***}$) als bei bekannter Managerentscheidung. Entfernt man aus der obigen Regression (6.19) die Dummyvariable für unbekannte Managerentscheidung (T2+3), kann für die Dummyvariable für komplexe Managerentlohnung (T3) ein statistisch schwach signifikanter ($z = 0,069^*$) negativer Einfluss auf das Handelsvolumen festgestellt werden.

Diese Ergebnisse der Regression stützen die Argumentation aus Abschnitt 5.3, in dem drei Fälle hinsichtlich der Entwicklung des Handelsvolumens betrachtet wurden. Bei komplexer Managerentlohnung scheint Fall 2 zuzutreffen. Die Erwartungen der Teilnehmer sind heterogen, und sie sind sich bezüglich der Alternativenwahl sehr unsicher. Die heterogenen Erwartungen zeigen sich in der Streuung der Schätzungen ($\sigma(\bar{e}_{T3}) = 11, 1$), und die Unsicherheit über die Alternativenwahl kann mittels der durchschnittlichen subjektiven Sicherheit bezüglich der Beutelwahl ($\bar{c}_{T3}^{org} = 4, 72$, $\sigma(\bar{c}_{T3}^{org}) = 1, 35$) festgestellt werden.

Bei einfacher Managerentlohnung hingegen scheint Fall 3 zuzutreffen. Es liegen heterogene Erwartungen ($\sigma(\bar{e}_{T2}) = 7, 28$) vor, und die Teilnehmer sind auch heterogen bezüglich ($\bar{c}_{T2}^{org} = 4, 86$, $\sigma(\bar{c}_{T2}^{org}) = 1, 50$) der Unsicherheit über die Alternativenwahl. Jedoch gibt es bei einfacher Managerentlohnung (20 %) mehr Teilnehmer als bei komplexer Managerentlohnung (12 %), die sich ihrer Einschätzung sehr sicher (Angabe von 7 bei der Alternativenschätzung) sind. Dies könnte das höhere Handelsvolumen bei einfacher Managerentlohnung erklären.

Das Handelsvolumen wird auch mittels t-Tests daraufhin untersucht, ob es im Zeitablauf sinkt. Dazu wird jeweils das Handelvolumen der ersten drei Runden mit dem Handelsvolumen der letzten drei Runden verglichen. Ein t-Test zeigt, dass das Handelsvolumen insgesamt in den letzten drei Runden statistisch hoch signifikant niedriger ($t = -3, 7574$, $p = 0, 0002^{***}$) als in den ersten drei Runden ist. Ein statistisch signifikanter Unterschied liegt auch vor, wenn die ersten fünf Runden mit den letzten fünf Runden verglichen werden ($-3, 2841$, $p = 0, 0013^{**}$).

Somit kann unterstützende Evidenz für Hypothese **H7** gefunden werden, da das Handelsvolumen im Zeitablauf sinkt.

6.3.4. Ergänzende Analysen

Es soll überprüft werden, ob die Marktteilnehmer übereinstimmend mit ihrer Schätzung handeln, d. h. ob sie minimal zum Wert ihrer Schätzung verkaufen und maximal bereit sind, für den Wert ihrer Schätzung zu kaufen.

Um diese Hypothese zu testen, werden die durchschnittlichen Preise, zu denen eine Person verkauft hat ($\bar{p}_g^l$), und die durchschnittlichen Preise, zu denen eine Person gekauft ($\bar{p}_g^y$), verwendet.

Dann werden jeweils die Abweichung von der eigenen Schätzung und deren Mittelwerte berechnet:

$$\epsilon_{gt}^l = \bar{p}_{gt}^l - e_{gt} \tag{6.26}$$

$$\bar{\epsilon}_g^l = \sum_{t=1}^{T} \epsilon_{gt}^l \cdot \frac{1}{T} \tag{6.27}$$

$$\epsilon_{gt}^{y} = \overline{p}_{gt}^{y} - e_{gt} \tag{6.28}$$

$$\overline{\epsilon}_{g}^{y} = \sum_{t=1}^{T} \epsilon_{gt}^{y} \cdot \frac{1}{T} \tag{6.29}$$

Dabei heißt übereinstimmend mit der Schätzung, dass bei Verkäufen ein Wert größer Null, wenn die Teilnehmer nur zu einem Wert größer bzw. gleich ihrer Schätzung verkaufen bzw. bei Käufen ein Mittelwert kleiner Null erwartet wird, wenn die Teilnehmer nur zu einem Wert kleiner bzw. gleich ihrer Schätzung kaufen. Zunächst werden die Verkäufe betrachtet. Abbildung 6.11 und Tabelle 6.20 geben einen Überblick[29]:

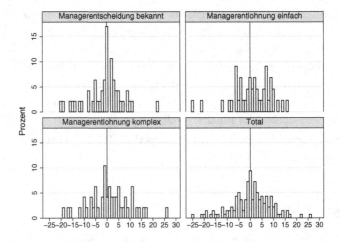

Abbildung 6.11.: Abweichung zwischen Preis und Schätzung pro Verkäufer pro Treatment

---

[29]Es gibt Teilnehmer, die keine Aktien gekauft oder verkauft haben, daher gibt es weniger als 150 Beobachtungen.

Tabelle 6.20.: Abweichung zwischen Preis und Schätzung der Verkäufer

Treatment	N	$\bar{\epsilon}^y$	Std. Abw.	Min	Max
Alle	139	0,27	8,54	-25,5	26,31
1	47	-1,09	8,08	-20,2	22,11
2	44	0,81	8,37	-25,5	16
3	48	1,1	9,12	-19	26,31
2+3	92	0,96	8,72	-25,5	26,31

Die Werte werden mittels t-Test daraufhin getestet, ob sie größer gleich Null sind. Hierfür findet sich jedoch keine Signifikanz: $(\bar{\epsilon}^y_{Alle},\ t = 0,3683,\ p = 0,3566)$, $(\bar{\epsilon}^y_{T1},\ t = -0,9274,\ p = 0,8207)$, $(\bar{\epsilon}^y_{T2},\ t = 0,6455,\ p = 0,261)$, $(\bar{\epsilon}^y_{T3}, t = 0,8328,\ p = 0,2046)$, $(\bar{\epsilon}^y_{T2+3},\ t = 1,0573,\ p = 0,1466)$.

Nun werden die Käufe betrachtet. Wiederum wird zunächst mittels Abbildung 6.12 und Tabelle 6.21 ein Überblick gegeben:

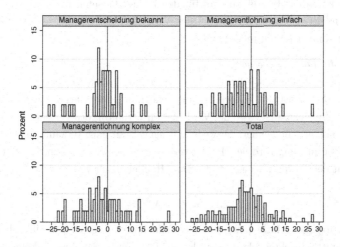

Abbildung 6.12.: Abweichung zwischen Preis und Schätzung pro Käufer pro Treatment

Tabelle 6.21.: Abweichung zwischen Preis und Schätzung der Käufer

Treatment	N	$\bar{\epsilon}^l$	Std. Abw.	Min	Max
Alle	149	-2,62	9,28	-26,25	27,28
1	50	-2,33	9,24	-26,25	22,72
2	49	-2,71	9,12	-22,33	27
3	50	-2,81	9,66	-21,73	27,28
2+3	99	-2,76	9,35	-22,33	27,28

Auch hier werden wieder t-Test durchgeführt, diesmal wird jedoch getestet, ob $\bar{\epsilon}^l < 0$ ist. Alle Werte sind signifikant kleiner 0: ($\bar{\epsilon}^l_{Alle}$, $t = -3,4398$, $p = 0,0004^{***}$), ($\bar{\epsilon}^l_{T1}$, $t = -1,7840$, $p = 0,0403^{**}$), ($\bar{\epsilon}^l_{T2}$, $t = -2,0813$, $p = 0,0214^{**}$), ($\bar{\epsilon}^l_{T3}$, $t = -2,0549$, $p = 0,0226^{**}$), ($\bar{\epsilon}^l_{T2+3}$, $t = -2,9374$, $p = 0,0021^{***}$).

Die Ergebnisse zeigen, dass die Teilnehmer Aktien übereinstimmend mit ihren Schätzungen kaufen, d. h. sie kaufen nur Aktien unter dem Wert, den sie mit ihrer Schätzung angegeben haben. Jedoch verkaufen die Teilnehmer ihre Aktien ebenfalls unter dem „Schätzwert". Somit kann insgesamt nicht festgestellt werden, dass die Teilnehmer übereinstimmend mit ihren Schätzungen handeln. Eine mögliche Erklärung für diesen Unterschied liegt darin, dass bei gleichzeitigen Verkaufs- und Kaufangeboten der Handel zu dem für den Käufer besseren Preis erfolgt. Durch diese Handelsregel ist es im Zweifel der Verkäufer, der zu niedrig verkauft, und nicht der Käufer, der zu teuer kauft.

Nun soll der Frage nachgegangen werden, ob Teilnehmer, die besser schätzen, mehr Geld im Experiment verdienen als Teilnehmer, die schlecht schätzen. Damit der Verdienst der Teilnehmer aus dem Handel am Markt (P_g^m)[30] unter den Märkten vergleichbar ist, wird der Verdienst im Verhältnis des Verdienstes eines fiktiven Teilnehmers berechnet, der weder Aktien gekauft noch verkauft hat ($Y_g^{notrade}$). Für die Überprüfung wird der Handelsverlust bzw. -gewinn, der zusätzlich im Vergleich mit dem „Handelsgewinn", der ohne Handel erzielt worden wäre, berechnet: ΔY_g^m:

$$\Delta Y_g^m = Y_g^m - Y_g^{notrade} \tag{6.30}$$

Innerhalb eines Marktes werden die Teilnehmer danach eingeteilt, ob sie im Durchschnitt schlechter oder besser als der Markt im Durchschnitt schätzen: $|\bar{\alpha}_g| - |\bar{\alpha}_m|$.

---
[30]Vgl. Gleichung 4.9

Die folgenden Tabellen geben eine Überblick über die Handelsgewinne/-verluste ΔY^m je nach dem, ob die Teilnehmer besser als der Durchschnitt des Marktes (Tabelle 6.22) oder schlechter als der Durchschnitt des Marktes (Tabelle 6.23) geschätzt haben:

Tabelle 6.22.: Handelsgewinn Schätzungen besser als Markt

Treatment	N	ΔY^m	Std. Abw.	Min	Max
Alle	94	32,41	146,34	-365	632
1	36	36,42	137,98	-200	632
2	28	20,32	116,65	-365	217
3	30	38,9	181,18	-309	428
2+3	58	29,93	152,43	-365	428

Tabelle 6.23.: Handelsgewinn Schätzungen schlechter als Markt

Treatment	N	ΔY^m	Std. Abw.	Min	Max
Alle	56	-54,41	219,33	-1145	411
1	14	-93,64	151,25	-503	74
2	22	-25,86	306,94	-1145	411
3	20	-58,35	131,81	-263	153
2+3	42	-41,33	237,86	-1145	411

Diese Werte werden mittels eines zweiseitigen-Tests für alle Teilnehmer auf signifikante Unterschiede getestet. Dabei zeigt sich, dass die Teilnehmer, die besser als der Markt schätzen, mehr verdienen als diejenigen, die schlechter schätzen ($t = -2,9057$, $p = 0,0042^{***}$). Ebenso findet sich ein signifikanter Unterschied, wenn die Handelsverdienste der guten Schätzer mit den Handelsverdiensten der schlechten Schätzer bei unbekannter Managerentscheidung (T2+3) verglichen werden ($t = -1,8240$, $p = 0,0712^{*}$).

Für den Vergleich innerhalb der Treatments muss aufgrund der kleinen Stichprobengröße ein Wilcoxon Rangsummen-Test verwendet werden. Dabei werden für

Treatment 1 und 3 signifikante Unterschiede festgestellt, jedoch nicht für Treatment 2: T1: ($z = -3,123$, $p = 0,0018^{***}$), T2: ($z = -0,362$, $p = -0,7177$), T3: ($z = -1,970$, $p = 0,0488^{*}$).

Somit kann für alle Treatments zusammen festgestellt werden, dass Teilnehmer, die besser schätzen, auch mehr im Experiment verdienen.

7. Zusammenfassung und Ausblick

Das Thema Managementvergütung und Kapitalmarkterwartungen wird in der Literatur viel diskutiert und aus unterschiedlichen Perspektiven betrachtet. Die vorliegende Arbeit soll dazu beitragen, den Einfluss von Managementvergütung auf die Erwartungs- und Preisbildung am Kapitalmarkt zu erklären. Daher wurden folgende Forschungsfragen gestellt:

1. Spiegeln die Erwartungen der Marktteilnehmer und die Marktpreise den intrinsischen Wert eines Wertpapiers tatsächlich wider, wenn die Handlungen des Agenten den Wert beeinflussen?

2. Hat die Komplexität der Entlohnung des Agenten Einfluss auf die Erwartungen der einzelnen Teilnehmer und auf die Preisbildung an Kapitalmärkten?

Um diese Forschungsfragen zu beantworten, wurden in Kapitel 2 zunächst ein Bezugsrahmen und die theoretischen Grundlagen der vorliegenden Arbeit dargestellt.

Da der Einfluss von Vergütung auf die Kapitalmarkterwartungen anhand empirischer Daten nicht isoliert betrachtet werden kann und viele andere Einflussfaktoren die Aktienkurse beeinflussen, sollten die Forschungsfragen mittels eines Experimentes untersucht werden. Es gibt zwar eine Vielzahl von Kapitalmarktexperimenten, bisher wurde jedoch nicht der Einfluss von Handlungen eines Managers betrachtet.

Um eine Einführung in die experimentelle Kapitalmarktforschung zu geben, wurde ein kurzer selektiver Überblick gegeben (Abschnitt 3). Die für diese Arbeit wichtigsten Erkenntnisse aus den bisherigen Studien sind, dass die Marktteilnehmer heterogene Erwartungen haben und dem Markt zugehende Informationen unterschiedlich bewerten und dass dies zu verzerrten Preisen führt.

In Abschnitt 4 wurde das Design des Experimentes erläutert, mittels dessen die Forschungsfragen beantwortet werden sollten. Um diese zu beantworten, wurden folgende Treatmentvariablen gewählt: Bekannte versus unbekannte Managerentscheidung (bzw. Alternativenwahl) wurde verglichen, um die Frage nach dem Einfluss der Handlungen eines Managers zu beantworten. Bei unbekannter Managerentscheidung wurde zudem zwischen einfacher und komplexer Entlohnung unterschieden, um die Frage nach dem Einfluss der Komplexität zu beantworten.

Im Anschluss wurden die Hypothesen entwickelt (Abschnitt 5) und die Ergebnisse (Abschnitt 6) vorgestellt.

Durch die vorliegende Arbeit können die Forschungsfragen beantwortet werden: Die Ergebnisse des Experiments haben gezeigt, dass die Erwartungen der Investoren und die Marktpreise stärker vom intrinsischen Wert abweichen, wenn die Handlungen eines Managers den Wert beeinflussen. Ebenso wurde gezeigt, dass die Komplexität der Entlohnung Einfluss auf die Erwartungen und die Preisbildung nimmt. Die Ergebnisse sollen nun noch einmal detaillierter betrachtet werden. Dazu werden die Hypothesen aus Abschnitt 5 in den Tabellen 7.1 und 7.2 wiederholt und die Ergebnisse nochmals zusammengefasst. Dabei wird angegeben, ob insgesamt unterstützende Evidenz (+) oder keine unterstützende Evidenz (−) für die Hypothesen vorliegt:

Tabelle 7.1.: Überblick: Ergebnisse der Hypothesentests zu Schätzungen

Hypothese	Tests	Evidenz
H1a: Die Schätzungen des intrinsischen Wertes der Aktie durch die Investoren sind unverzerrt.	Hoch signifikante Abweichung der Schätzungen vom intrinsischen Wert (Schätzabweichung $\bar{\alpha} = -7,89$).	–
H1b: Bei unbekannter Alternativenwahl sind die Schätzungen nach unten verzerrt.	Hoch signifikanter Unterschied zwischen Schätzabweichung bei unbekannter Alternativenwahl ($\bar{\alpha}_{T2+3} = -10,03$) und bei bekannter Alternativenwahl ($\bar{\alpha}_{T1} = -3,61$).	+
H1c: Bei komplexer Vergütung sind die Schätzungen stärker verzerrt als bei einfacher Vergütung.	Signifikanter Unterschied zwischen Schätzabweichung bei komplexer Managerentlohnung ($\bar{\alpha}_{T3} = -12,03$) und bei einfacher Managerentlohnung ($\bar{\alpha}_{T2} = -8,04$).	+
H2a: Die Schätzungen verändern sich über die Zeit nach Maßgabe der Veränderung des intrinsischen Wertes.	Veränderung der Schätzung im Verhältnis zur Änderung des intrinsischen Wertes (Schätzreaktion: $\bar{\beta} = 0,54$) ist hoch signifikant kleiner 1.	–
H2b: Bei unbekannter Alternativenwahl verändern sich die Schätzungen weniger stark als bei bekannter Alternativenwahl.	Hoch signifikanter Unterschied zwischen Schätzreaktion bei unbekannter Alternativenwahl ($\bar{\beta}_{T2+3} = 0,43$) und bei bekannter Alternativenwahl ($\bar{\beta}_{T1} = 0,77$).	+
H2c: Bei komplexer Vergütung verändern sich die Schätzungen nach positiven Signalen weniger stark als bei einfacher Vergütung.	Kein signifikanter Unterschied zwischen Schätzreaktion bei komplexer Entlohnung nach positiven Signalen ($\bar{\beta}^b_{T3} = 0,54$) und bei einfacher Entlohnung ($\bar{\beta}^b_{T2} = 0,57$).	–
H3: Die Investoren passen ihre Schätzungen, ausgehend von ihren Anfangserwartungen, Bayes-rational an.	Absolute Alternativenschätzabweichung ($|\bar{\gamma}| = 0,11$) unterscheidet sich signifikant von Null.	–

Tabelle 7.2.: Überblick: Ergebnisse der Hypothesentests zu Preisen & Handel

Hypothese	Tests	Evidenz
H4: Die Aktienkurse liegen unter den Schätzungen. Die Differenz sinkt im Zeitablauf.	Hoch signifikante Abweichung der Preise von den Schätzungen ($\epsilon = -1,23$). Keine signifikante Abnahme der Differenz im Zeitablauf.	−
H5a: Weder die Unbeobachtbarkeit der Alternativenwahl noch die Komplexität der Vergütung führen zu (zusätzlichen) Verzerrungen des Aktienkurses gegenüber dem (risikoneutral bestimmten) intrinsischen Wert.	Hoch signifikanter Einfluss der Treatmentvariablen auf die Preise. Preisabweichung bei unbekannter Managerentscheidung ($\zeta_{T2+T3} = -11,02$) statistisch hoch signifikant größer als bei bekannter Managerentscheidung ($\zeta_{T1} = -5,31$). Preisabweichung bei komplexer Vergütung ($\zeta_{T3} = -13,21$) signifikant größer als bei einfacher Managerentlohnung ($\zeta_{T2} = -8,83$).	−
H5b: Bei unbekannter Alternativenwahl sind die Preise gegenüber bekannter Alternativenwahl nach unten verzerrt.		+
H5c: Bei komplexer Vergütung sind die Preise gegenüber einfacher Vergütung nach unten verzerrt.		+
H6ai: Die Preise verändern sich über die Zeit nach Maßgabe der Veränderung des intrinsischen Wertes.	Hoch signifikante Unterreaktion ($\bar{\eta} = 0,28$).	−
H6aii: Auf ein positives Signal reagiert der Preis stärker und auf ein negatives Signal schwächer als der intrinsische Wert.	Hoch signifikante Unterreaktion auf positive Signale ($\bar{\eta}^b = 0,43$) und auf negative Signale ($\bar{\eta}^r = 0,04$).	−
H6b: Bei unbekannter Alternativenwahl verändern sich die Preise weniger stark als bei bekannter Alternativenwahl.	Signifikanter Unterschied zwischen Preisreaktion bei unbekannter Alternativenwahl ($\bar{\eta}_{T2+3} = 0,20$) und bekannter Alternativenwahl ($\bar{\eta}_{T1} = 0,44$).	+
H6c: Bei komplexer Vergütung verändern sich die Preise nach positiven Signalen weniger stark als bei einfacher Vergütung.	Kein signifikanter Unterschied zwischen Preisreaktion auf positive Signale bei komplexer Entlohnung ($\bar{\eta}^b_{T3} = 0,33$) und bei einfacher Entlohnung ($\bar{\eta}^b_{T2} = 0,28$).	−
H7: Das Handelsvolumen sinkt im Zeitablauf.	Handelsvolumen nimmt signifikant im Zeitablauf ab (vgl. Abschnitt 6.3.2).	+

Die Ergebnisse der Arbeit (vgl. Tab. 7.1 und 7.2) zeigen zudem: Unabhängig davon, ob die Alternativenwahl des Managers bekannt oder unbekannt war, waren die Schätzungen verzerrt. Darüber hinaus konnte belegt werden, dass die Schätzungen bei unbekannter Entscheidung des Managers noch stärker verzerrt waren. Zu einer weiteren Verzerrung führte die Komplexität der Vergütung.

Ein weiteres Ergebnis dieser Arbeit ist, dass die Reaktion auf die Veröffentlichung von Information für alle Treatments nicht der theoretischen Vorhersage entsprach, nach der sich die Schätzung nach Maßgabe der Veränderung des intrinsischen Werts verändern sollte. Es konnten jedoch die erwarteten Treatmenteffekte festgestellt werden. So zeigen die Ergebnisse, dass sich die Schätzungen bei unbekannter Alternativenwahl weniger stark verändern als bei bekannter Alternativenwahl.

Wie erwartet konnte hinsichtlich der Preise festgestellt werden, dass sie sich nicht nach Maßgabe der Veränderung des intrinsischen Wertes veränderten. Die Ergebnisse bestätigen zudem die Hypothese, dass die Preise sich bei unbekannter Alternativenwahl weniger stark verändern als bei bekannter Alternativenwahl.

Aus dem Fragebogen ergibt sich als zusätzliches Ergebnis, dass die Teilnehmer eher daran glaubten, dass der Manager wohl überlegt gehandelt hätte, wenn die Alternativenwahl unbekannt war.[1]

Durch die vorliegende Arbeit können die Forschungsfragen eindeutig beantwortet werden: Die Tatsache, dass ein Manager (Agent) eine Entscheidung trifft und für diese entlohnt wird, hat signifikanten Einfluss auf die Preisbildung am Kapitalmarkt. Somit ist die Antwort auf Forschungsfrage 1 (s. o.), dass die Erwartungen der Marktteilnehmer und die Marktpreise *nicht* den intrinsischen Wert tatsächlich widerspiegeln, wenn die Handlungen des Agenten den Wert beeinflussen.

Des Weiteren ist die Antwort auf Forschungsfrage 2, dass die Komplexität des Agenten Einfluss auf die Erwartungen der einzelnen Teilnehmer und auf die Preisbildung an Kapitalmärkten nimmt.

Neben der Beantwortung der Forschungsfragen zeigen die Ergebnisse, dass entgegen theoretischer Vorhersagen (vgl. Abschnitt 2.2) der Markt keine „heilende" Wirkung hatte und verzerrte Schätzungen zu verzerrten Preisen führten. Die Preise waren zudem noch stärker verzerrt als die Schätzungen. Diese Ergebnisse überraschen nicht, stehen sie doch in Übereinstimmung mit den Ergebnissen bisheriger Kapitalmarktexperimente (vgl. Abschnitt 3.2).

Die Anreizwirkung der Entlohnung der Manager im Experiment war so gestaltet, dass Zielkongruenz bestand und somit ein rationaler Manager, der sich nicht selbst schaden wollte, im Sinne der Prinzipale handeln musste. Des Weiteren waren die Investitionsalternativen so gestaltet, dass stochastische Dominanz erster

---

[1]Vgl. Tabelle C.2 im Anhang.

Ordnung bestand. Somit wäre klar antizipierbar gewesen, welche Wahl der Manager getroffen hat. Die Ergebnisse zeigen jedoch, dass die Teilnehmer in der Rolle der Prinzipale Probleme hatten, die Anreizwirkungen der Entlohnungssysteme zu durchschauen, und dass daraus verzerrte Aktienkurse resultierten.

Das Design des vorliegenden Experimentes war bewusst einfach gestaltet. So musste der Manager nur eine Entscheidung treffen, und es standen nur zwei Investitionsalternativen zur Auswahl, wobei die eine die andere nach stochastischer Dominanz 1. Ordnung dominierte. Der Zeithorizont war für die Manager und die Kapitalmarktteilnehmer gleich. Dies sollte dazu führen, dass die Entscheidungssituation des Managers für die Kapitalmarktteilnehmer antizipierbar sein sollte. Die Kapitalmarktteilnehmer sollten weder über die Risikopräferenzen des Managers noch über etwaige Zeithorizontprobleme spekulieren.

In der Realität muss ein Manager meist zwischen mehreren Investitionsalternativen wählen und eine Vielzahl von Entscheidungen im Laufe seiner Zeit im Unternehmen treffen. Er trifft zudem viele Entscheidungen, die auch über seine Zeit im Unternehmen hinaus Einfluss haben können. Da sich bereits in dieser vergleichsweise einfachen Situation Treatmenteffekte finden ließen, ist zu erwarten, dass sich dieses Problem in der Realität vergrößert.

Ebenso wurde bewusst ein langlebiges Wertpapier gewählt, damit die Teilnehmer ausreichend Zeit hatten, sich über die Wahl des Managers Gedanken zu machen. Es wurde sich dafür entschieden, die Dividenden mittels Kugelziehungen mit Zurücklegen zu realisieren, damit der Erwartungswert relativ einfach berechnet werden kann. Zudem wurde den Teilnehmern ausführlich erklärt, wie der intrinsische Erwartungswert der Aktie berechnet werden kann.

Die Kugelziehungen erfolgten in Gegenwart der Teilnehmer und nicht mittels einer Simulation wie bei anderen Experimenten[2], damit diese keinen Zweifel an dem Zustandekommen des intrinsischen Wertes hatten.

Allerdings war das Experiment bewusst so gestaltet, dass die Teilnehmer mit einem niedrigeren Endwert der Aktie rechnen mussten, sobald sie beiden Investitionsalternativen positive Wahrscheinlichkeiten zuordneten.

Es kann keine Aussage dazu gemacht werden, wie sich Einschätzungen der Kapitalmarktteilnehmer über mögliche Risikopräferenzen der Manager in den Erwartungen und in den Preisen niederschlagen werden. Dies war jedoch auch nicht das Ziel des Experiments und wurde bewusst ausgeklammert, da dies zu zusätzlicher Unsicherheit über die Wahl des Managers führen würde.

Insgesamt lässt sich jedoch sagen, dass die Ergebnisse des Experimentes Anhaltspunkte liefern, dass auch Aktionäre realer Unternehmen Schwierigkeiten ha-

---

[2]Vgl. Bloomfield et al. (2000).

ben können, die Anreizwirkung der Vergütung von Managern nachzuvollziehen. Daher sollte dies bei der Gestaltung von Vergütungsplänen berücksichtigt werden. Man sollte sich darüber im Klaren sein, dass sich eine zu komplexe oder intransparente Vergütung negativ auf die Aktienkurse auswirken kann. Bebchuck und Fried folgend[3] kann vermutet werden, dass dies in der Praxis bewusst in Kauf genommen wird, um die Höhe der Vergütung zu verschleiern. Somit könnte es sein, dass die Aktionäre in zweifacher Weise geschädigt werden (sollen), zum einen indem sich die Manager selbst (zu) hohe Gehälter zahlen und zum anderen indem die Intransparenz über die Entscheidungen der Manager zu niedrigeren Aktienkursen führt.

Im Folgenden sollen sehr kurz mögliche Erweiterungen des Experiments vorgestellt werden.

So könnte die Trennung zwischen Manager und Markt aufgehoben werden, indem der Manager am jeweiligen Aktienkurs einer Handelsrunde beteiligt wird. Dies könnte z. B. im vorliegenden Experiment dazu führen, dass der Manager Interesse daran hat, die Alternative zu wählen, die zu mehr positiven Dividendenziehungen führt, um den Aktienkurs in die Höhe zu treiben.

Eine weitere Variante wäre, dass der Manager bestimmt, welche Dividende in einer Runde gezahlt wird. Dies wäre im oben vorgestellten Experiment möglich, wenn alle Dividendenziehungen in der Gegenwart des Managers erfolgen würden und er im Nachhinein festlegen könnte, in welcher Reihenfolge die Marktteilnehmer die Dividenden sehen. Dies könnte ebenfalls dazu führen, dass der Manager diese so manipuliert, dass der Aktienkurs steigt, und er dadurch seine Entlohnung erhöht.

Des Weiteren könnte in diesem Zusammenhang der Einfluss von Zeithorizontproblemen untersucht werden. Wenn der Manager z. B. nur am Aktienkurs der ersten fünf Runden beteiligt werden würde, bestünde ein zusätzlicher Anreiz für ihn, den Aktienkurs zu manipulieren.

Zudem könnte der Einfluss von weiteren Vergütungsformen untersucht werden.

Unabhängig von vielen weiteren interessanten Fragen leistet die vorliegende Arbeit einen Beitrag zur aktuellen Diskussion um die Managementvergütung und zum besseren Verständnis des Einflusses der Managementvergütung auf die Kapitalmarkterwartungen.

---

[3]Vgl. Bebchuk et al. (2002) und Bebchuk/Fried (2003).

A. Weitere Ergebnisse

A.1. Ausschluss von Märkten

Je Treatment wurde ein Markt aus der Auswertung ausgeschlossen. Der Ausschluss erfolgte aus unterschiedlichen Gründen, die im Folgenden dargelegt werden.

Bei einem Markt bei komplexer Managerentlohnung (T3 Markt 6) gab es einen Computersystemfehler, der dazu führte, dass Daten dieses Marktes aus der Stichprobe entfernt werden mussten. Die Daten konnten von vornherein bei der Auswertung nicht mehr berücksichtigt werden.

Die beiden anderen Märkte wurden aufgrund inhaltlicher Kriterien ausgeschlossen.

Wenn Aktien unterbewertet sind, besteht für rationale Teilnehmer die Möglichkeit, dies auszunutzen und so lange Aktien zu kaufen, bis der Preis die Informationen über den intrinsischen Wert widerspiegelt. Hierzu benötigen die Handelnden freilich Geld. Im Experiment jedoch erlaubten die Handelsregeln keine Kreditaufnahme für den Kauf von weiteren Aktien, der Bargeldbestand war auf 1000 Taler begrenzt. Wenn der Bargeldbestand eines Teilnehmers auf Null sank, hatte dieser also keine Möglichkeit mehr zu handeln und dazu beizutragen, dass der Markt informationseffizient wird. Daher mussten alle Märkte ausgeschlossen werden, auf denen der Bargeldbestand mindestens eines Teilnehmers Null betrug, da dann Handeln aller Teilnehmer unmöglich war. Dies führte dazu, dass ein Markt bei bekannter Managerentlohnung (T1 Markt 4) nicht bei der Auswertung berücksichtigt werden konnte.[1]

Ein weiterer Grund für den Ausschluss von Märkten war, wenn zu viele Teilnehmer eines Marktes als Haupthandelsmotiv (mindestens 40 %) Spaß am Handel (auf einer Skala von 1 bis 7)[2] angaben. Daher wurde ein Markt bei einfacher Managerentlohnung (T2 Markt 2) ebenfalls ausgeschlossen.

---

[1]Nosic/Weber (2009) begründeten den Ausschluss von Märkten in ähnlicher Weise. Sie beobachteten, dass eine Aktie überbewertet war. In diesem Fall hätten dies rationale Investoren ausnutzen können, indem sie möglichst viele Aktien verkaufen. Da in dem Experiment von Nosic/Weber (2009) kein Leerverkauf von Aktien möglich war, vermuteten sie, dass diese Beschränkung die rationalen Marktteilnehmer daran gehindert hätte, den Preis auf ein rationales Niveau zu bringen. Daher schlossen Nosic/Weber (2009) alle Märkte, auf denen mindestens ein Teilnehmer keine Aktien mehr hielt, aus. Vgl. Nosic/Weber (2009), S. 19-20.

[2]Vgl. Anhang C

A.2. Schätzungen

Überblicke über Märkte

Die Abbildungen A.1 bis A.3 geben einen Überblick über die durchschnittlichen Schätzungen und die intrinsischen Werte für alle Märkte, dabei sind die Märkte eines Treatments in einer Abbildung zusammengefasst.

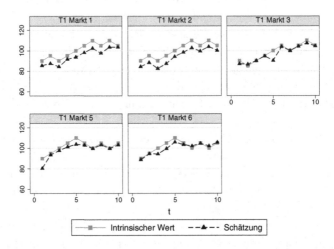

Abbildung A.1.: Schätzungen und intrinsische Werte pro Markt: Treatment 1

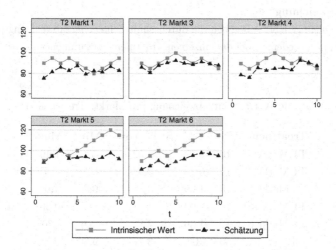

Abbildung A.2.: Schätzungen und intrinsische Werte pro Markt: Treatment 2

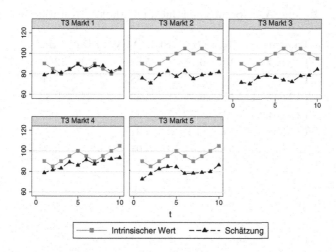

Abbildung A.3.: Schätzungen und intrinsische Werte pro Markt: Treatment 3

Schätzabweichung

Die Tabellen A.1 bis A.3 geben die durchschnittliche Schätzabweichung pro einzelnem Markt wieder, wobei die einzelnen Treatments zusammengefasst sind.

Tabelle A.1.: Schätzabweichung pro Markt: Treatment 1

Treatment	N	$\overline{\alpha}$	Std. Abw.	Min	Max
T1 Markt 1	10	-5,72	2,02	-7,6	-1,40
T1 Markt 2	10	-6,33	0,97	-7,7	-4,7
T1 Markt 3	10	-1,69	3,14	-9,80	1,6
T1 Markt 5	10	-2,93	2,87	-9,5	-0,30
T1 Markt 6	10	-1,36	2,85	-5,6	2,20
Alle	50	-3,6	3,17	-9,80	2,2

Tabelle A.2.: Schätzabweichung pro Markt: Treatment 2

Treatment	N	$\overline{\alpha}$	Std. Abw.	Min	Max
T2 Markt 1	10	-6,75	5,80	14,6	2,80
T2 Markt 3	10	-2,8	2,88	-7,2	3,30
T2 Markt 4	10	-6,45	5,80	-15	2,80
T2 Markt 5	10	-10,71	9,82	-22,9	0,7
T2 Markt 6	10	-13,48	4,91	-22,7	-8
Alle	50	-8,04	7,07	-22,9	3,30

Tabelle A.3.: Schätzabweichung pro Markt: Treatment 3

Treatment	N	$\bar{\alpha}$	Std. Abw.	Min	Max
T3 Markt 1	10	-1,17	4,00	-11,1	3,1
T3 Markt 2	10	-17,81	5,64	-25,8	-10,8
T3 Markt 3	10	-20,15	6,82	-30,8	-10,3
T3 Markt 4	10	-7,03	3,97	-13,9	-2,6
T3 Markt 5	10	-13,99	4,62	-20	-7,1
Alle	50	-12,03	8,62	-30,8	3,1

Tabelle A.4 nimmt Bezug auf Abbildung 6.1 und beschreibt, wie viele Experimentteilnehmer den intrinsischen Wert im Durchschnitt über-, unter- oder richtig schätzen:

Tabelle A.4.: Verteilung der Schätzabweichung

Treatment	N	richtig	überschätzen	unterschätzen
Alle	150	20 (13 %)	13 (9 %)	117 (78 %)
1	50	12 (24 %)	6 (12 %)	32 (64 %)
2	50	3 (6 %)	3 (6 %)	44 (73 %)
3	50	5 (10 %)	4 (8 %)	41 (82 %)
2+3	100	8 (8 %)	7 (7 %)	85 (85 %)

Tabelle A.5 gibt die Ergebnisse der t-Tests der **Schätzabweichung vor der ersten Runde** wieder, die Schätzabweichung pro Person vor der ersten Runde wird wiederum gegen Null getestet.

Tabelle A.5.: Schätzabweichung pro Treatment vor der ersten Runde

Treatment	N	$\overline{\alpha_1}$	Std. Abw.	95 % Konf.	t
Alle	150	-8,96	14,2	$[-11,25;-6,67]$	-7,83***
1	50	-4,83	11,78	$[-7,88;-1,79]$	-3,18**
2	50	-7,76	12,67	$[-11,36;-4,16]$	-4,33***
3	50	-14,34	16,25	$[-18,96;-9,72]$	-6,24***
2+3	100	-11,05	14,87	$[-14,00;-8,1]$	-7,43***

Tabelle A.6 zeigt schließlich die Ergebnisse der t-Tests für die durchschnittliche Schätzabweichung pro Person in den Proberunden. Auch hier wird gegen Null getestet.

Tabelle A.6.: Schätzabweichung pro Treatment: Proberunden

Treatment	N	$\overline{\alpha}$	Std. Abw.	95 % Konf.	t
Alle	150	2,36	9,95	$[0,75;3,96]$	2,9***
1	50	3,36	10,63	$[0,34;6,38]$	2,24**
2	50	2,37	10,47	$[-0,60;5,35]$	1,60 (p=0,1155)
3	50	1,33	8,74	$[-1,15;3,82]$	1,08 (p=0,2860)
2+3	100	1,85	9,61	$[-0,54;3,76]$	1,92*

Schätzreaktion

Tabelle A.7 gruppiert die Schätzreaktion danach, ob korrekt geschätzt, unterschätzt, überschätzt, falsch geschätzt oder gar nicht reagiert wurde.

Tabelle A.7.: Verteilung Schätzreaktion pro Treatment

Treatment	N	korrekt	unter	nicht	über	falsch
Alle	150	24 (16 %)	72 (48 %)	4 (3 %)	23 (15 %)	27 (18 %)
1	50	15 (30 %)	24 (48 %)	1 (2 %)	7 (14 %)	3 (6 %)
2	50	4 (8 %)	29 (58 %)	2 (4 %)	7 (14 %)	8 (16 %)
3	50	5 (10 %)	19 (38 %)	1 (2 %)	9 (18 %)	16 (32 %)
2+3	100	9 (9 %)	48 (48 %)	3 (3 %)	16 (16 %)	24 (24 %)

Tabelle A.8 gibt die durchschnittliche Schätzreaktion pro Person pro Treatment in den Proberunden an.

Tabelle A.8.: Schätzreaktion pro Treatment: Proberunden

Treatment	N	$\bar{\beta}$	Std. Abw.	95 % Konf.	t	Sig.
Alle	150	0,92	2,17	$[0,57; 1,27]$	-0,48	0,63
1	50	0,93	2,34	$[0,26; 1,59]$	-0,22	0,83
2	50	0,76	1,81	$[0,25; 1,27]$	-0,94	0,35
3	50	0,33	2,35	$[0,39; 1,73]$	0,18	0,86
2+3	100	0,91	2,09	$[0,5; 0,32]$	-0,43	0,67

Über die Schätzreaktion auf negative Signale wird ein Überblick mittels Abbildung A.4 und Tabelle A.9 gegeben.

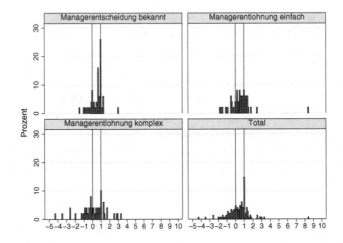

Abbildung A.4.: Schätzreaktion pro Treatment: Negative Signale

Tabelle A.9.: Schätzreaktion pro Treatment: Negative Signale

Treatment	N	$\overline{\beta^r}$	Std. Abw.	Min.	Max.
Alle	150	0,40	1,27	-4,27	8,4
1	50	0,55	0,73	-1,53	3
2	50	0,56	1,42	-1,8	8,4
3	50	0,1	1,49	-4,27	3,27
2+3	100	0,33	1,47	-4,27	8,4

Alternativenschätzabweichung

Tabelle A.10.: Verteilung der Alternativenschätzabweichung

Treatment	N	richtig	unter-/überreagieren
2	50	3 (6 %)	47 (94 %)
3	50	1 (2 %)	49 (98 %)
2+3	100	4 (6 %)	96 (96 %)

A.3. Handel am Markt

Überblicke über durchschnittliche Schätzungen und Preise

Die Abbildungen A.5 bis A.7 geben einen Überblick über die durchschnittlichen *Schätzungen und Preise* pro Markt.

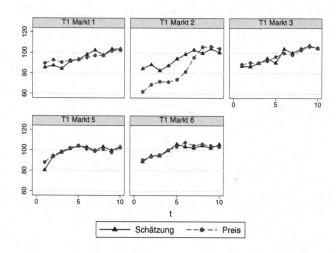

Abbildung A.5.: Schätzungen und Preise pro Markt: Treatment 1

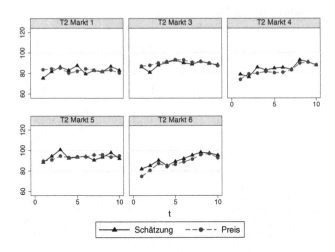

Abbildung A.6.: Schätzungen und Preise pro Markt: Treatment 2

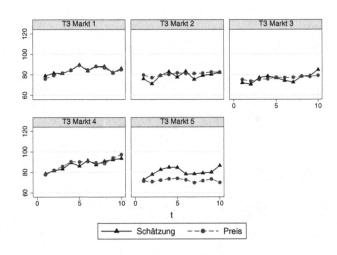

Abbildung A.7.: Schätzungen und Preise pro Markt: Treatment 3

Die Tabellen A.11 bis A.13 fassen die durchschnittlichen Abweichungen *zwischen Preis und Schätzungen* ($\bar{\epsilon}$) pro Markt je Treatment zusammen.

Tabelle A.11.: Abweichung zwischen Preisen und Schätzungen pro Markt: Treatment 1

Treatment	N	$\bar{\epsilon}$	Std. Abw.	Min	Max
T1 Markt 1	10	0,51	3,74	-5,30	6,3
T1 Markt 2	10	-10,21	10,76	-22,43	5,96
T1 Markt 3	10	0,19	3,03	-4,00	6
T1 Markt 5	10	0,26	2,87	-2,55	7,56
T1 Markt 6	10	0,72	2,12	-2,51	4,05
Alle	50	-1,71	6,81	-22,43	7,56

Tabelle A.12.: Abweichung zwischen Preisen und Schätzungen pro Markt: Treatment 2

Treatment	N	$\bar{\epsilon}$	Std. Abw.	Min	Max
T2 Markt 1	10	0,12	4,2	-5,5	8,27
T2 Markt 3	10	1,49	2,15	-0,97	6,78
T2 Markt 4	10	-2,22	2,89	-5,9	3,04
T2 Markt 5	10	-0,25	3,47	-6,2	4,99
T2 Markt 6	10	-3,1	1,92	-7,27	-0,38
Alle	50	-0,79	3,36	-7,27	8,27

Tabelle A.13.: Abweichung zwischen Preisen und Schätzungen pro Markt: Treatment 3

Treatment	N	$\bar{\epsilon}$	Std. Abw.	Min	Max
T3 Markt 1	10	-0,71	1,24	-2,97	1,05
T3 Markt 2	10	1,95	3,03	-2,65	6,01
T3 Markt 3	10	0,30	3,16	-5,61	4,65
T3 Markt 4	10	1,09	2,09	-2,30	3,99
T3 Markt 5	10	-8,53	4,04	-16,5	-1,27
Alle	50	-1,18	4,71	-16,5	6,01

Tabelle A.14.: Abweichung zwischen Preisen und Schätzungen: Proberunden

Treatment	N	$\bar{\epsilon}$	Std. Abw.	Min	Max
Alle	45	0,80	7,42	-11,96	27,28
1	15	-3,25	4,92	-11,96	4,86
2	15	6,31	8,48	-4,60	27,28
3	15	-0,67	4,97	-7,29	13,18
2+3	30	2,82	7,70	-7,29	27,28

Überblicke über durchschnittliche Preise und intrinsische Werte

Die Abbildungen A.8 bis A.10 geben einen Überblick über die durchschnittlichen *Preise und die intrinsischen Werte* pro Markt.

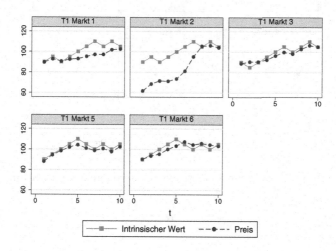

Abbildung A.8.: Preise und intrinsische Werte pro Markt: Treatment 1

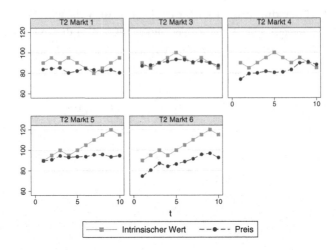

Abbildung A.9.: Preise und intrinsische Werte pro Markt: Treatment 2

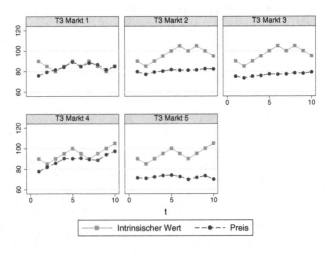

Abbildung A.10.: Preise und intrinsische Werte pro Markt: Treatment 3

Die Tabellen A.15 bis A.17 fassen die *durchschnittlichen Preisabweichungen* $\overline{\zeta}$ pro Markt je Treatment zusammen.

Tabelle A.15.: Preisabweichung pro Markt: Treatment 1

Treatment	N	$\overline{\zeta}$	Std. Abw.	Min	Max
T1 Markt 1	10	-5,21	4,44	-12,8	0,6
T1 Markt 2	10	-16,54	11,21	-28,13	0,56
T1 Markt 3	10	-1,5	3,00	-5,29	5,43
T1 Markt 5	10	-2,67	1,56	-5,64	-0,55
T1 Markt 6	10	-0,64	3,90	-6,61	4,53
Alle	50	-5,31	8,14	-28,13	5,43

Tabelle A.16.: Preisabweichung pro Markt: Treatment 2

Treatment	N	$\overline{\zeta}$	Std. Abw.	Min	Max
T2 Markt 1	10	-6,63	5,76	-14,79	3,27
T2 Markt 3	10	-1,31	2,99	-6,71	2,78
T2 Markt 4	10	-8,67	7,27	-19,5	3,07
T2 Markt 5	10	-10,96	8,8	-26,43	-0,31
T2 Markt 6	10	-16,58	4,09	-23,08	-10,71
Alle	50	-8,83	7,77	-26,43	3,27

Tabelle A.17.: Preisabweichung pro Markt: Treatment 3

Treatment	N	$\bar{\zeta}$	Std. Abw.	Min	Max
T3 Markt 1	10	-1,88	4,81	-14,07	1,71
T3 Markt 2	10	-15,86	5,53	-23,95	-7,89
T3 Markt 3	10	-19,85	5,46	-28	-11,56
T3 Markt 4	10	-5,94	3,37	-12,28	-0,67
T3 Markt 5	10	-22,51	5,8	-35	-14,07
Alle	50	-13,21	9,42	-35	1,71

Tabelle A.18 gibt die mittlere Preisabweichung in den Proberunden wieder.

Tabelle A.18.: Preisabweichung: Proberunden

Treatment	N	$\bar{\zeta}$	Std. Abw.	Min	Max
Alle	45	3,15	8,21	-11,32	26,88
1	15	0,11	5,56	-11,32	7,92
2	15	8,68	10,45	-7,31	26,88
3	15	0,66	4,76	-6,41	12,38
2+3	30	4,67	8,96	-7,31	26,88

Preisreaktion

Tabelle A.19 gibt einen Überblick über die durchschnittliche Preisreaktion in den Proberunden:

Tabelle A.19.: Preisreaktion: Proberunden

Treatment	N	$\bar{\eta}$	Std. Abw.	Min	Max
Alle	30	0,21	1,24	-2,46	2,85
1	10	0,36	0,97	-1,34	2,14
2	10	-0,40	1,47	-2,46	2,41
3	10	0,67	1,07	-0,90	2,85
2+3	20	0,14	1,37	-2,46	2,85

Volumen

Die Abbildungen A.11 bis A.13 geben einen Überblick über das *Handelsvolumen* pro Markt pro Runde.

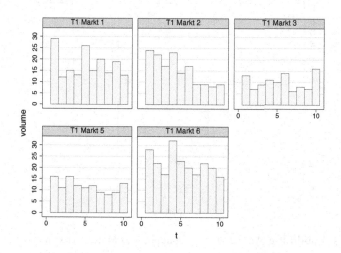

Abbildung A.11.: Handelsvolumen pro Markt: Treatment 1

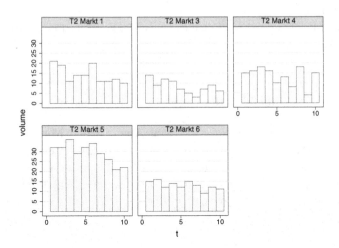

Abbildung A.12.: Handelsvolumen pro Markt: Treatment 2

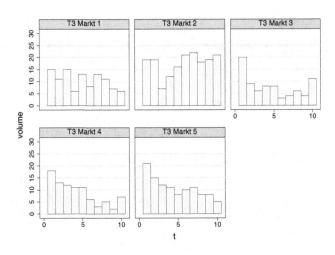

Abbildung A.13.: Handelsvolumen pro Markt: Treatment 3

B. Instruktionen

B.1. Teil 1

Vorbemerkungen

Herzlich Willkommen und vielen Dank für Ihre Teilnahme. Das Geld, das Sie in diesem Experiment verdienen werden, wird von der Universität Osnabrück bereitgestellt. Das Experiment dient dazu, wirtschaftliches Entscheidungsverhalten zu untersuchen.

Um sich für dieses Experiment einzuloggen, werden Sie einen Teilnehmercode erhalten. Bitte bewahren Sie diesen Code gut auf. Sie benötigen ihn, um sich bei der Auszahlung Ihres Gewinns zu identifizieren.

Durch den Teilnehmercode bleibt Ihre Identität der Experimentleitung und Ihren Mitspielern verborgen. Weder die Experimentleitung noch Ihre Mitspieler können Ihre Entscheidungen im Experiment mit Ihrer Person in Verbindung bringen.

Für Ihre Teilnahme an dem Experiment erhalten Sie auf jeden Fall 5 Euro. Sie erhalten zudem jede weitere Entlohnung, die Sie sich im Experiment über Ihre Mindestentlohnung von 5 Euro hinaus erspielen.

Während des Experiments wird Ihr Einkommen in Talern berechnet, wobei

120 Taler = 1 Euro

entsprechen. Alle Taler, die Sie während des Experiments verdienen, werden am Ende zusammengezählt, in Euro umgerechnet und Ihnen sofort in bar ausgezahlt. Bitte beachten Sie:

- Während des gesamten Experiments darf nicht gesprochen werden.

- Treffen Sie Ihre Entscheidungen für sich alleine, ohne Kontakt zu anderen Experimentteilnehmern zu suchen.

Wenn Sie während des Experiments eine Frage haben, heben Sie bitte die Hand. Die Frage wird Ihnen dann an Ihrem Platz beantwortet. Außerdem werden Sie am Ende der Instruktionen noch die Möglichkeit haben, Fragen zu stellen, falls Ihnen in den Instruktionen etwas unklar geblieben ist.

Überblick

Auf dieser Seite bekommen Sie einen kurzen Überblick über das Experiment. Die einzelnen Punkte werden später genauer erläutert.
Sie sind Aktionär eines Unternehmens und haben in diesem Experiment **zwei Aufgaben:**

- Sie können Aktien des Unternehmens handeln.

- Sie sollen den Wert der Aktie schätzen, pro Schätzung können Sie eine zusätzliche Entlohnung erhalten.

A Aktienhandel

Es werden Aktien eines einzelnen Unternehmens gehandelt. Der Handel findet insgesamt 10 Mal statt. D. h., dass der Aktienmarkt zehn Mal eröffnen und wieder schließen wird, es also zehn „Handelstage" gibt, wobei ein „Handelstag" allerdings nur wenige Minuten dauern wird. Im Folgenden wird für „Handelstag" der Begriff Runde verwendet.

Zu Beginn des Experiments erhält jeder von Ihnen als Anfangsbestand 10 Aktien. Zusätzlich erhält jeder von Ihnen ein Kontoguthaben in Höhe von 1.000 Talern.

In jeder Runde des Experiments können Sie Aktien kaufen und verkaufen. Die Regeln für den Aktienhandel werden Ihnen weiter unten erläutert.

B Wert der Aktie

Das Unternehmen, dessen Aktien Sie handeln werden, erzielt in jeder der zehn Runden einen Gewinn. Wir werden den Gewinn als Gewinn je Aktie messen. Der Gewinn besteht aus zwei Teilen:

- einem Basisgewinn, der sicher ist und

- einem Zusatzgewinn, der nicht sicher ist.

Der Zusatzgewinn wird zufällig bestimmt, wobei in jeder Runde nur zwei Werte möglich sind, 0 Taler und 10 Taler. Am Ende der zehn Runden entspricht der Wert einer Aktie der Summe der zehn Gewinne (Basisgewinne + Zusatzgewinne), die über die Runden erzielt wurden. Wie der zu erwartende Wert einer Aktie in vorhergehenden Runden bestimmt werden kann, wird weiter unten erläutert.

C Ihr Verdienst aus dem Experiment

Am Ende des Experiments werden Sie einen Bestand an Aktien und ein Kontogut-haben an Talern haben, allein diese bestimmen Ihren Verdienst aus dem Aktien-handel. Der Gesamtwert Ihrer Aktien wird Ihrem Konto gutgeschrieben. Neben dem Verdienst aus dem Aktienhandel erhalten Sie Entlohnungen, die sich danach bemessen, wie gut Sie den Wert der Aktie geschätzt haben. Diese Ent-lohnungen werden nach Ende der letzten Runden ebenfalls auf Ihr Konto gebucht. Daraufhin wird Ihr Kontoguthaben in Euro umgerechnet, und der Euro-Betrag, mindestens aber 5 Euro, wird Ihnen bar ausgezahlt. D. h. Ihre Entlohnung setzt sich wie folgt zusammen:

$$\text{Ihre Entlohnung} = \text{Kontoguthaben}$$
$$+ \text{Gesamtwert Ihrer Aktien}$$
$$+ \text{Entlohnung für die Schätzungen}$$

Im Folgenden werden Ihre Aufgaben noch einmal ausführlich erläutert.

A Aktienhandel

Nach diesem Teil der Instruktionen wissen Sie, wie Sie Aktien kaufen und verkaufen.

Bestände an Aktien und Geld

Wie bereits in der Einleitung erklärt, sind Sie ein Aktionär eines Unternehmens. Die Experimentteilnehmer in diesem Raum werden auf zwei Märkte aufgeteilt. D. h., dass wir Sie in zwei Gruppen zu je 10 Personen einteilen werden, und dass je 10 Personen einen Markt bilden. Sie werden nicht erfahren, welche neun anderen Teilnehmer mit Ihnen handeln. Für jeden der beiden Märkte gelten dieselben Regeln.

Sie können Ihre Aktien auf Ihrem Markt handeln. An diesem Markt werden nur die Aktien dieses einen Unternehmens gehandelt. Die Aktien können über 10 Runden gehandelt werden.

Zu Beginn des Experiments haben Sie 10 Aktien dieses Unternehmens und 1.000 Taler als Kontoguthaben zur Verfügung. Jeder Teilnehmer erhält denselben An-fangsbestand, d. h. es gibt auf jedem Markt 100 Aktien. Mit dem Kontoguthaben können Sie zusätzliche Aktien kaufen. Wenn Sie Aktien verkaufen, erhöht sich ihr Kontoguthaben.

Ihr Bestand an Aktien und Ihr Kontoguthaben wird von einer Runde zur nächsten Runde übertragen.

Vor jeder Handelsrunde erhalten Sie Informationen über den Wert der Aktie. Wie diese Informationen genau aussehen, wird weiter unten ausgeführt.

Der Aktienhandel wird über das Computernetzwerk stattfinden. Sie werden also alle Ihre Transaktionen über Ihren Computer abwickeln. Hier sehen Sie einen Screenshot des Handelssystems.

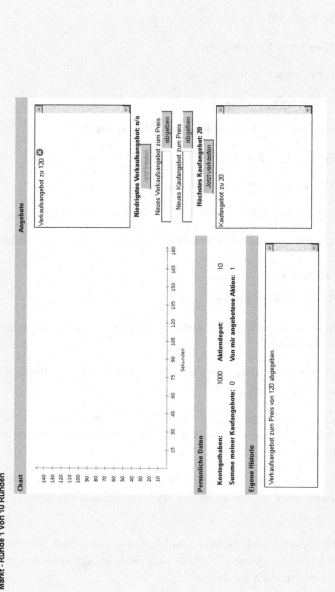

Informationen auf Ihrem Bildschirm

a. Ihr Aktiendepotbestand: Anzahl Aktien

b. Ihr Kontoguthaben

c. Ihre eigenen Kaufangebote

d. Ihre eigenen Verkaufsangebote

e. Summe Ihrer Kaufangebote

f. Anzahl der von Ihnen angebotenen Wertpapiere

g. Alle aktuellen Kaufangebote

h. Alle aktuellen Verkaufsangebote

i. Eine Übersicht über Ihre bisherigen Transaktionen

j. Eine Graphik, die alle Preise enthält, zu denen Aktien gehandelt wurden.

Handelsregeln

Was Sie am Markt dürfen:

1. Ein Kaufangebot machen: Geben Sie an, bis zu welchem Preis Sie eine Aktie kaufen wollen.

2. Ein Verkaufsangebot machen: Geben Sie an, zu welchem Preis Sie eine Aktie verkaufen wollen.

3. Ein Verkaufsangebot annehmen: Nehmen Sie das Verkaufsangebot eines anderen Teilnehmers an, um von ihm eine Aktie zu dem von ihm festgelegten Preis zu kaufen.

4. Ein Kaufangebot annehmen: Nehmen Sie das Kaufangebot eines anderen Teilnehmers an, um an ihn eine Aktie zu dem von ihm festgelegten Preis zu verkaufen.

5. Ein Angebot zurücknehmen: So lange eines Ihrer Kauf- oder Verkaufsangebote noch von keinem Teilnehmer angenommen wurde, können Sie es zurücknehmen, danach nicht mehr.

Was Sie beachten müssen:

1. Ein Angebot bezieht sich immer nur auf eine einzelne Aktie. Wollen Sie gleichzeitig mehrere Aktien kaufen oder verkaufen (z. B. drei Aktien kaufen), so müssen Sie dasselbe Angebot mehrfach eingeben (drei Mal eine Aktie kaufen).

2. Sie können nicht mehr Aktien verkaufen, als Sie besitzen.

3. Sie können nicht mehr Geld für Aktien ausgeben, als Sie an Kontoguthaben besitzen.

4. Wenn es mehrere Verkaufsangebote gibt, können Sie nur das mit dem niedrigsten Preis annehmen.

5. Wenn es mehrere Kaufangebote gibt, können Sie nur das mit dem höchsten Preis annehmen.

6. Gibt es zu Ihrem Kauf- oder Verkaufsangebot ein passendes Gegenangebot, so wird das Computersystem die beiden Angebote automatisch verarbeiten, wobei der für den Käufer bessere Preis gilt.

7. Die Höhe Ihrer Gebote muss zwischen der minimal und der maximal möglichen Summe der Gewinne pro Aktie liegen.

8. Sie können nicht mit sich selbst handeln.

Die Einhaltung dieser Regeln wird vom Handelssystem (d. h. vom Computer) überprüft. Sie erhalten eine Fehlermeldung, wenn Ihre Transaktion gegen eine Regel verstoßen sollte.

Wenn Sie Fragen bis hierhin haben, können Sie diese gerne jetzt stellen.

B Bestimmung des erwarteten Wertes der Aktie

Nach diesem Teil der Instruktionen wissen Sie, wie Sie den erwarteten Wert der Aktie berechnen können.

Wie erläutert, erzielt das Unternehmen, dessen Aktien Sie handeln werden, in jeder der zehn Runden einen Gewinn. Wir werden den Gewinn als Gewinn je Aktie messen. Der Gewinn besteht aus zwei Teilen, einem Basisgewinn, der sicher ist, und einem Zusatzgewinn, der nicht sicher ist.

Der Zusatzgewinn wird zufällig bestimmt, wobei in jeder Runde nur zwei Werte möglich sind, 0 Taler und 10 Taler.

Am Ende der zehn Runden entspricht der Wert einer Aktie der Summe der zehn Basisgewinne und Zusatzgewinne je Aktie, die über die Runden erzielt wurden. Die Summe der Zusatzgewinne beträgt 0 Taler (wenn der Zusatzgewinn in jeder Runde 0 war) und höchstens 100 Taler (wenn der Zusatzgewinn in jeder Runde 10 war).

Der Zusatzgewinn je Aktie wird in jeder Runde auf folgende Weise bestimmt: Aus einem Beutel mit 100 farbigen Kugeln wird eine Kugel blind gezogen. Der Beutel enthält nur rote und blaue Kugeln. Nach jeder Ziehung einer Kugel aus dem Beutel wird die Kugel zurückgelegt, und es wird neu gemischt.

Betrachten Sie folgendes Beispiel, es gilt nur für die Proberunde:

Der folgende Beutel enthält:

- **60 rote Kugeln**

- **40 blaue Kugeln**

Der Basisgewinn pro Runde beträgt 2 Taler

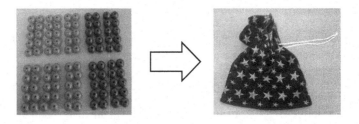

Dieser Beutel wird für einige Proberunden, und nur für diese verwendet. In den Proberunden werden Sie die Aktie handeln, um das System kennenzulernen, ohne dass dies Ihre Entlohnung beeinflusst.

Bitte beachten Sie, dass dieser Beutel nur für die Proberunden verwendet wird!

Würde 100 Mal eine Kugel gezogen, so könnten Sie erwarten, dass 60 Mal eine rote und 40 Mal eine blaue Kugel gezogen wird. Die Wahrscheinlichkeit für eine rote Kugel beträgt also 60 %, die Wahrscheinlichkeit für eine blaue Kugel 40 %.

Wird in einer Runde eine rote Kugel gezogen, so beträgt der Zusatzgewinn in dieser Runde 0 Taler. Wird eine blaue Kugel gezogen, so beträgt der Zusatzgewinn 10 Taler.

Demzufolge gilt: Mit einer Wahrscheinlichkeit von 60 % beträgt der Zusatzgewinn einer Runde 0, mit einer Wahrscheinlichkeit von 40 % beträgt er 10 Taler. Hinzu kommen die 2 Taler Basisgewinn pro Runde.

Wie bereits erklärt, ergibt sich der Wert der Aktie aus der Summe aller Gewinne je Aktie. Diese Summe ist erst nach der zehnten Runde mit Sicherheit bekannt. Zuvor besteht Unsicherheit darüber, wie hoch die Gewinne in den späteren Runden sein werden, und damit auch Unsicherheit über die Summe aller Gewinne.

Im Folgenden wird ausführlich erläutert, wie der erwartete Wert der Aktie (der Wert der sich im Schnitt erwarten lässt) in einer Runde berechnet werden kann.

Vor der ersten Runde

Vor der ersten Runde sind alle Zusatzgewinne unsicher, und man kann den Wert der Aktie nur als Summe aller erwarteten Zusatzgewinne (EZG) zuzüglich Basisgewinne (BG) berechnen.

Für den erwarteten Zusatzgewinn einer Runde gilt:

$$EZG = 0,6 \cdot 0 + 0,4 \cdot 10 = 4$$

Für den Wert der Aktie (EW) folgt damit:

$$EW \text{ vor der ersten Runde} = 10 \cdot EZG + 10 \cdot BG$$
$$= 10 \cdot 4 + 10 \cdot 2 = 60$$

Vor der zweiten Runde

Nach der ersten und vor der zweiten Runde sind neun Zusatzgewinne unsicher, ein Zusatzgewinn jedoch ist bestimmt worden und sicher bekannt. Man kann den erwarteten Wert der Aktie nun als Summe der neun erwarteten Zusatzgewinne (EZG) zuzüglich des ersten bekannten und bereits realisierten Zusatzgewinns (RZG) und zuzüglich der Basisgewinne (BG) berechnen.

Beträgt der erste Zusatzgewinn 0, so ergibt sich für den erwarteten Wert der Aktie (EW):

$$EW \text{ vor Runde 2} = RZG + 9\,EZG + 10\,BG$$
$$= 0 + 9 \cdot 4 + 10 \cdot 2$$
$$= 0 + 36 + 20 = 56$$

Beträgt dagegen der erste Gewinn 10, so ergibt sich für den erwarteten Wert der Aktie (EW):

$$EW \text{ vor Runde 2} = 10 + 9 \cdot 4 + 10 \cdot 2$$
$$= 10 + 36 + 20 = 66$$

Vor der dritten, vierten, ... Runde

Nach jeder Runde sind alle Gewinne der bis dahin abgeschlossenen Runden bekannt, und die Gewinne der noch folgenden Runden weiter unsicher. Sie können den Wert der Aktie in jeder beliebigen Runde daher wie folgt bestimmen:

Erwarteter Wert Aktie $=$ Summe der bereits realisierten Zusatzgewinne (RZG)

$+$ Anzahl der verbleibenden Runden

$\cdot$ erwarteter Zusatzgewinn pro Runde (EZG)

$+10 \cdot$ Basisgewinn (BG).

Betrachten Sie das folgende Beispiel: In den ersten sechs Runden wurden vier rote und zwei blaue Kugeln gezogen, d. h. der Zusatzgewinn betrug vier Mal 0 und zwei Mal 10. Vier weitere Runden folgen, bei denen der erwartete Zusatzgewinn insgesamt jeweils 4, also $4 \cdot 4 = 16$ beträgt.

$$\text{EW vor der siebten Runde} = 4 \cdot 0 + 2 \cdot 10 + 4 \cdot 4 + 10 \cdot 2$$

$$= 0 + 20 + 16 + 20 = 56$$

Ihre Schätzung des Werts der Aktie

Vor jeder Runde sollen Sie eine Schätzung über den Wert pro Aktie am Ende des Experiments abgeben. Sie sollen also schätzen, wie hoch die Summe aller Zusatzgewinne zuzüglich Basisgewinne nach der 10. Runde und damit nach der letzten Ziehung sein wird. Pro Schätzung können Sie zusätzlich maximal 50 Taler verdienen, also insgesamt maximal 500 Taler.

Sie erhalten 50 Taler, wenn Sie genau den richtigen Wert geschätzt haben. Ihre Entlohnung aus der Schätzung ist umso geringer, je ungenauer Sie den Aktienwert nach der letzten Runde schätzen.

Für die Abweichung gilt in jeder Runde:

Abweichung pro Runde = Aktienwert nach der letzten Runde - geschätzter Aktienwert

Pro Abweichung gibt es 2 Taler Abzug von den 50 Talern. Wenn der Aktienwert nach der letzten Runde z. B. 90 betragen würde und Sie hätten 100 geschätzt, dann würde die Abweichung 10 betragen und Sie würden: $50 - 2 \cdot 10 = 30$ Taler erhalten. Dasselbe würde sich bei einer Schätzung von 80 ergeben. Es können Ihnen für die Schätzung keine Taler abgezogen werden. Wenn Ihre Schätzung also um mehr als 25 abweicht, beträgt Ihre Entlohnung aus dieser Schätzung Null, da $50 - 2 \cdot 25 = 0$ ist.

C Ihre Entlohnung:

Am Ende des Experiments werden Sie einen Bestand an Aktien und ein Kontoguthaben an Talern haben. Da die 10 Gewinne (Basisgewinne und Zusatzgewinne) dann feststehen, steht auch der Wert einer Aktie fest: Er entspricht der Summe dieser 10 Gewinne. Dieser Wert in Talern wird für jede Aktie, die Sie halten, auf Ihrem Konto gutgeschrieben.

Neben dem Verdienst aus dem Aktienhandel erhalten Sie Entlohnungen, die sich danach bemessen, wie gut Sie den Wert der Aktie geschätzt haben. Diese Entlohnungen werden nach Ende der letzten Runden ebenfalls auf Ihrem Konto gutgeschrieben. Daraufhin wird Ihr Kontoguthaben in Euro umgerechnet, und der Euro-Betrag, mindestens aber 5 Euro, wird Ihnen bar ausgezahlt. D. h. Ihre Entlohnung setzt sich wie folgt zusammen:

$$\text{Ihre Entlohnung} = \text{Kontoguthaben}$$
$$+ \text{ Gesamtwert Ihrer Aktien}$$
$$+ \text{ Entlohnung für die Schätzungen}$$

D Der Ablauf der Proberunden

Sie werden im Folgenden 3 Runden lang den Markt zur Probe spielen, um sich mit den Funktionen des Markts vertraut zu machen. Eine Runde läuft wie folgt.

- Sie schätzen, welchen Endwert die Aktie haben wird.

- Es wird der Markt geöffnet, und Sie können die Aktie 3 Minuten lang handeln.

- Nachdem der Markt wieder geschlossen ist, wird eine Kugel aus dem Beutel gezogen und damit der Zusatzgewinn für die aktuelle Runde bestimmt.

Der Ablauf wird drei Mal wiederholt.

Ihre Gebote und Schätzungen müssen mindestens 20 und dürfen höchstens 120 Taler betragen.

Auf der nachfolgenden Seite werden alle Informationen über den Beutel zusammengefasst. Diese Seite wird vor jeder Handelsrunde erscheinen. Im Laufe des Experiments werden die Informationen über die bisherigen Ziehungen ergänzt.

Zusammenfassung und Schätzung des intrinsischen Wertes

Auf der nachfolgenden Seite werden alle Informationen über den Beutel zusammengefasst. Diese Seite wird vor jeder Handelsrunde erscheinen. Im Laufe des Experiments werden die Informationen über die bisherigen Ziehungen ergänzt.

Folgende Beutel standen zur Auswahl:

Farbe	Rot 0	Blau 10	Basisgewinn
Beutelinhalt	80 Kugeln	40 Kugeln	2

Übersicht über die eigenen Schätzungen:

Runde	Geschätzter Wert
1	80

Ergebnisse der Ziehungen:

Runde	1	2	3	4	5	6	7	8	9	10	Summe
Farbe	blau	?	?	?	?	?	?	?	?	?	-
Wert	10	?	?	?	?	?	?	?	?	?	10

Bitte geben Sie nun erneut Ihre Schätzung ein, wie viel das Wertpapier am Ende wert sein wird:

Geschätzter Wert: [   ]

[Weiter...]

(copyright 2009)

Sollten Sie noch Fragen haben, können Sie diese gern jetzt stellen.

Sie können nun drei Runden lang den Markt ausprobieren, diese Proberunden haben keine Auswirkung auf Ihre Entlohnung.

Nach diesen Runden werden Ihr Kontoguthaben und Ihr Aktienbestand auf die Anfangswerte zurückgesetzt. Dies ist später nicht mehr der Fall.

[Hiernach wurden die Proberunden durchgeführt. Die folgenden Instruktionen erhielten die Teilnehmer erst nach Ablauf der Proberunden.]

B.2. Teil 2

Das eigentliche Experiment

Nun beginnt das eigentliche Experiment. Der Beutel der Proberunden wird nun weggelegt, und zwei neue Beutel stehen zur Auswahl:

Bestimmung des erwarteten Gewinns für die nächsten 10 Runden

Wie die Auswahl zwischen den beiden Beuteln erfolgt, erfahren Sie vor der ersten Handelsrunde, ansonsten gelten die Regeln, die oben erklärt wurden:

- Der Wert der Aktie wird über 10 Runden bestimmt

- Eine rote Kugel steht für 0 Taler

- Eine blaue Kugel steht für 10 Taler

- Nach jeder Ziehung einer Kugel aus dem Beutel wird die Kugel zurückgelegt, und es wird neu gemischt.

Der eine Beutel enthält:

- **50 rote Kugeln**

- **50 blaue Kugeln**

Basisgewinn pro Runde beträgt 4 Taler

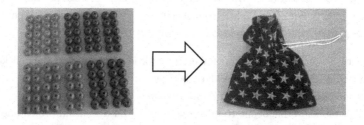

Für diesen Beutel gilt:
Würde 100 Mal eine Kugel gezogen, so könnten Sie erwarten, dass 50 Mal eine rote und 50 Mal eine blaue Kugel gezogen wird. Die Wahrscheinlichkeit für eine rote Kugel beträgt also 50 %, die Wahrscheinlichkeit für eine blaue Kugel 50 %.

Demzufolge gilt: Mit einer Wahrscheinlichkeit von 50 % beträgt der Zusatzgewinn einer Runde 0, mit einer Wahrscheinlichkeit von 50 % beträgt er 10. Außerdem fällt in jeder Runde auf jeden Fall ein Basisgewinn in Höhe von 4 Talern an. **Der andere Beutel enthält:**

- **30 rote Kugeln**

- **70 blaue Kugeln**

Der Basisgewinn pro Runde beträgt 0 Taler

Für diesen Beutel gilt:
Würde 100 Mal eine Kugel gezogen, so könnten Sie erwarten, dass 30 Mal eine rote und 70 Mal eine blaue Kugel gezogen wird. Die Wahrscheinlichkeit für eine rote Kugel beträgt also 30 %, die Wahrscheinlichkeit für eine blaue Kugel 70 %.
Demzufolge gilt: Mit einer Wahrscheinlichkeit von 30 % beträgt der Zusatzgewinn einer Runde 0, mit einer Wahrscheinlichkeit von 70 % beträgt er 10. Wenn dieser Beutel gewählt wurde, fällt kein Basisgewinn an.

Erinnern Sie sich, den erwarteten Wert pro Aktie über mehrere Runden können Sie für beide Beutel, wie oben erklärt, berechnen:

Summe der bereits realisierten Zusatzgewinne
+ Anzahl der verbleibende Runden · erwarteten Zusatzgewinn pro Runde
+ 10 · Basisgewinn.
= Erwarteter Wert der Aktie.

Die Wahl des Beutels

Nach diesem Teil wissen Sie, wie der Beutel, aus dem gezogen wird, ausgewählt wurde.

Der Beutel wurde bereits vor diesem Experiment von einem Entscheidungsträger ausgewählt, der Entscheidungsträger ist heute nicht in diesem Raum anwesend, um seine Anonymität zu gewährleisten.
Unabhängig von seiner Entscheidung erhält er pro Runde 100 Taler als Grundgehalt, d. h. über 10 Runden erhält er 1000 Taler. Darüber hinaus wird er an der Summe der 10 Gewinne (Realisierte Zusatzgewinne zuzüglich Basisgewinne) beteiligt. Diese hängt, wie oben, erklärt von der Wahl des Beutels und vom Ergebnis der Ziehungen ab.

[Der folgende kursive Text unterschied sich je nach Treatment:]

Treatment 1:

Der Entscheidungsträger hat sich für den Beutel mit 50 roten und 50 blauen Kugeln entschieden.

Treatment 2:

Der Entscheidungsträger erhält 10 Mal die Summe der 10 Gewinne.

Treatment 3:

Der Entscheidungsträger erhält 5 Mal die Summe der 10 Gewinne. Wenn die Summe der 10 Gewinne 50 übersteigt, erhält er zusätzlich einen Bonus von 250 Talern. Einen weiteren Bonus in Höhe von 250 Talern erhält er, wenn die Summe der Gewinne 70 übersteigt.

Es spielt für den Entscheidungsträger keine Rolle, wie hoch der Aktienkurs des Unternehmens ist.

Dem Entscheidungsträger war bei seiner Entscheidung bekannt, welche Aufgaben Sie heute ausführen und welche Entlohnung Sie heute erhalten. Dem Entscheidungsträger wurde die Situation in gleicher Weise erläutert wie Ihnen. Der Entscheidungsträger hatte für die Auswahl eines Beutels 10 Minuten Zeit.

Die Entlohnung wird von der Experimentleitung bezahlt und senkt nicht Ihre Entlohnung

Der weitere Ablauf des Experiments:

Nun beginnt der Teil des Experiments, der Ihre Entlohnung bestimmt.
Ab jetzt ist der Ablauf jeder Runde wie folgt.

- Sie schätzen, welchen Beutel der Entscheidungsträger gewählt hat und welchen Endwert die Aktie haben wird.

- Es wird der Markt geöffnet, und Sie können die Aktie 3 Minuten lang handeln.

- Nachdem der Markt wieder geschlossen ist, wird eine Kugel aus dem Beutel gezogen und damit der Zusatzgewinn für die aktuelle Runde bestimmt.

Der Ablauf wird insgesamt 10 Mal wiederholt.

Nach der letzten Runde wird Ihr Gesamtgewinn ermittelt.

Ihre Gebote und Schätzungen müssen mindestens 0 und dürfen höchstens 140 Taler betragen.

Vor jeder Runde werden alle Informationen über die beiden Beutel auf einer Seite zusammengefasst. Diese Seite wird vor jeder Handelsrunde erscheinen. Im Laufe des Experiments werden die Informationen über die bisherigen Ziehungen ergänzt.

Sollten Sie noch Fragen haben, können Sie diese gern jetzt stellen.

C. Fragebogen

C.1. Inhalt

Der folgende Fragebogen sollte nach Abschluss des Experiments beantwortet werden.

Fragebogen I:
Sie stehen vor folgender Wahl:

Sie können entweder mit Sicherheit 500 Euro gewinnen oder aber das nebenstehende Rad drehen. Bevor das Rad gedreht wird, werden einige der 10 Segmente grün eingefärbt. Wenn das Rad im Anschluss gedreht wird und der Zeiger hinterher auf ein grünes Feld zeigt, gewinnen Sie 1.000 Euro. Wenn der Zeiger dagegen auf ein weißes Feld zeigt, gewinnen Sie nichts.

Wenn beispielsweise 5 Segmente grün eingefärbt würden, so hätten Sie ein Gewinnchance von 50 %. Würden alle 10 Segmente grün eingefärbt, so würden Sie mit Sicherheit 1.000 Euro gewinnen.

Wie viele Segmente müssen für Sie persönlich **mindestens** grün eingefärbt werden, damit Sie sich für das Drehen des Rades und gegen die sicheren 500 Euro entscheiden? Anzahl grüner Segmente:

Fragebogen II:
[Die Teilnehmer sollten ihre Zustimmung für alle Fragen bis Frage 2 auf einer Skala von 1 bis 7 angeben. Für die Fragen 1, 3, 4 und 6 stand 1 für „stimme nicht zu", 7 für „stimme voll zu". Für Frage 5 stand 1 für „nie" und 7 für „sehr oft".]

Bitte beantworten Sie die folgenden Fragen und nehmen Sie zu den Aussagen Stellung.

1. Bei meinen Schätzungen bin ich davon ausgegangen, dass der Entscheidungsträger seine Auswahl wohl überlegt getroffen hat.

2. Wie haben Sie den Endwert der Aktie in den einzelnen Runden geschätzt?
a) Ich habe den Wert so berechnet, wie es in den Instruktionen erklärt wurde.
b) Ich habe den Wert ungefähr geschätzt.
c) Weder noch, ich habe.... [Freitextfeld]

3. Ich denke, dass ich im Verhältnis zu den anderen Teilnehmern an meinem Markt den Endwert über die Runden hinweg betrachtet, genauer vorhergesagt habe.

4. Ich habe Aktien gehandelt,...
...weil ich Handelsgewinne erzielen wollte.
...weil es mir Spaß macht.
...weil ich die Aktien möglichst schnell loswerden wollte.
...weil ich möglichst viele Aktien besitzen wollte.
[Die Teilnehmer sollten pro Aussage ihre Zustimmung angeben.]

5. Haben Sie schon Aktien oder andere Wertpapiere an einer Börse gekauft/verkauft?

6. Ich denke, dass ich mich mit Aktienmärkten gut auskenne.

C.2. Ergebnisse

Fragebogen I:

Die folgenden Tabellen geben einen Überblick über die Antworten der Teilnehmer auf die Fragen des Fragebogens. Zusätzlich werden t-Tests durchgeführt, um auf Treatmenteffekte zu testen. Dabei wird wieder bekannte (T1) gegen unbekannte (T2+3) Managerentscheidung getestet, ebenso einfache (T2) gegen komplexe (T3) Managerentlohnung. Im Folgenden werden nur die Ergebnisse der t-Tests wiedergegeben, wenn ein signifikanter Unterschied vorliegt.

Tabelle C.1 zeigt die durchschnittliche Angabe zur Risikoaversion der Teilnehmer. Dabei unterscheidet sich diese Angabe für Treatment 1 ($MW_{T1} = 6,5$) signifikant ($t = 2,2604$, $p = 0,0253^{**}$) von der Angabe der Teilnehmer von Treatment 2 und 3 ($MW_{T2+3} = 6,98$). Jedoch waren im Durchschnitt alle Teilnehmer risikoavers, da alle Werte größer als 5 sind und dies auf Risikoaversion schließen lässt. (Eine Angabe von 5 lässt auf Risikoneutralität schließen, eine Angabe kleiner 5 auf Risikofreude.)

Tabelle C.1.: FI: Risikoaversion

Treatment	N	MW	Stdabw.	Min.	Max.
1	50	6,5	1,47	4	10
2	50	7,06	1,04	5	10
3	50	6,9	1,13	5	10
2+3	100	6,98	1,08	5	10
Alle	150	6,82	1,24	4	10

In Tabelle C.2 wird ein Überblick über der Einschätzung der „Kompetenz" des Managers gegeben. Dabei fällt auf, dass sich diese Einschätzung sich hoch signifikant ($t = 2,2813$, $p < 0,001^{***}$) zwischen unbekannter ($MW_{T2+3} = 5,64$) und bekannter ($MW_{T1} = 4,22$) Managerentscheidung unterscheidet. Somit scheinen die Teilnehmer den Manager bei unbekannter Managerentscheidung für kompetenter zu halten.

Tabelle C.2.: FII1: Managerentscheidung wohl überlegt

Treatment	N	MW	Stdabw.	Min.	Max.
1	50	4,22	2,01	1	7
2	50	5,66	1,80	1	7
3	50	5,62	1,63	1	7
2+3	100	5,64	1,71	1	7
Alle	150	5,17	1,93	1	7

t-Tests: T_1 vs. T_{2+3}: $t = 2,2813, p < 0,001^{***}$

Tabelle C.3 zeigt, dass die Mehrzahl der Teilnehmer (60,00 %) ihre Schätzungen so berechnet haben, wie es in den Instruktionen erklärt wurde.

Tabelle C.3.: FII2: Schätzmethode

Treatment	N	a	b	c
1	50	58,00 %	28,00 %	14,00 %
2	50	56,00 %	30,00 %	14,00 %
3	50	64,00 %	32,00 %	4,00 %
2+3	100	60,00 %	31,00 %	9,00 %
Alle	150	59,33 %	30,00 %	10,67 %

Für die folgenden Fragen wurde wieder als Antwortmöglichkeit eine Skala von 1 bis 7 verwendet, wobei 1 für „stimme nicht zu" und 7 für „stimme voll zu" stand (s. o.).

Mit Frage 4 wurde erfragt, ob die Teilnehmer sich für schlauer als die anderen Teilnehmer halten. Dabei ähneln sich die Durchschnittswerte (insgesamt 3, 85). Jedoch gibt es einen statistisch schwach signifikanten Unterschied ($t = -1, 68$, $p = 0, 0951^*$) zwischen unbekannter ($MW_{T2+3} = 3, 71$) und bekannter ($MW_{T1} = 4, 12$) Managerentscheidung.

Tabelle C.4.: FII3: Schätzvergleich Selbsteinschätzung

Treatment	N	MW	Stdabw.	Min.	Max.
1	50	4,12	1,32	1	7
2	50	3,7	1,42	1	7
3	50	3,72	1,50	1	7
2+3	100	3,71	1,45	1	7
Alle	150	3,85	1,42	1	7

t-Tests: T_1 vs. T_{2+3}: $0, 0951^*$

Die Tabellen C.5 bis C.8 geben einen Überblick über die Handelsmotive der Experimentteilnehmer. Es gibt keine statistisch signifikanten Unterschiede zwischen den Treatments. So ist im Durchschnitt für alle Treatments das stärkste Handelsmotiv, Gewinn zu erzielen ($MW = 5, 56$). Darauf folgen die Motive Spaß am Handel ($MW = 3, 94$) und Aktienbesitz ($MW = 3, 27$). Die Aussage, dass gehandelt wurde, um die Aktien möglichst schnell loszuwerden ($MW = 2, 15$), bekam die geringste Zustimmung.

Tabelle C.5.: FII4a: Handelsmotiv: Gewinn

Treatment	N	MW	Stdabw.	Min.	Max.
1	50	5,62	1,19	2	7
2	50	5,46	1,37	2	7
3	50	5,6	1,53	1	7
2+3	100	5,53	1,45	1	7
Alle	150	5,56	1,36	1	7

Tabelle C.6.: FII4b: Handelsmotiv: Spaß

Treatment	N	MW	Stdabw.	Min.	Max.
1	50	4,06	1,79	1	7
2	50	3,84	1,82	1	7
3	50	3,92	1,85	1	7
2+3	100	3,88	1,83	1	7
Alle	150	3,94	1,81	1	7

Tabelle C.7.: FII4c: Handelsmotiv: Verkauf

Treatment	N	MW	Stdabw.	Min.	Max.
1	50	2,12	1,38	1	7
2	50	2,38	1,51	1	6
3	50	1,94	1,30	1	7
2+3	100	2,16	1,42	1	7
Alle	150	2,15	1,40	1	7

Tabelle C.8.: FII4d: Handelsmotiv: Besitz

Treatment	N	MW	Stdabw.	Min.	Max.
1	50	3,26	1,75	1	7
2	50	3,24	1,89	1	7
3	50	3,32	1,98	1	7
2+3	100	3,28	1,93	1	7
Alle	150	3,27	1,86	1	7

Frage 5 und Frage 6 zielten darauf ab, die bisherige Handelserfahrung der Teilnehmer zu erfragen. Dabei konnte kein statistisch signifikanter Unterschied zwischen den Treatments festgestellt werden. Die Teilnehmer haben im Durchschnitt geringe Handelserfahrung ($MW = 1,81$) mit realen Börsen und sind auch eher nicht überzeugt davon ($MW = 2,53$), dass sie sich gut mit Aktienmärkten auskennen.

Tabelle C.9.: FII5: Handelserfahrung

Treatment	N	MW	Stdabw.	Min.	Max.
1	50	1,9	1,57	1	7
2	50	1,76	1,53	1	7
3	50	1,78	1,52	1	7
2+3	100	1,77	1,52	1	7
Alle	150	1,81	1,53	1	7

Tabelle C.10.: FII6: Aktienmarktkenntnis

Treatment	N	MW	Stdabw.	Min.	Max.
1	50	2,66	1,35	1	7
2	50	2,52	1,74	1	7
3	50	2,42	1,46	1	7
2+3	100	2,47	1,60	1	7
Alle	150	2,53	1,52	1	7

Literaturverzeichnis

Abarbanell, Jeffery S. / Bernard, Victor L (1992): *Test of analysts' overreaction / underreaction to earnings information as an explanation for anomalous stock price behavior*, The Journal of Finance, 42, 1181–1207.

Admati, Anat R. (1985): *A noisy rational expectations equilibrium for multiasset securities markets*, Econometrica, 53, 629–658.

Arrow, Kenneth J. (1985): *The economics of agency.* In: *Principals and Agents: The Structure of Business*, Pratt, J. / Zeckhauser, A. (Hrsg.), Boston, 37–51.

Baiman, Stanley (1990): *Agency research in managerial accounting: A second look*, Accounting Organizations and Society, 15, 341–371.

Barberis, Nicholas / Thaler, Richard (2005): *A survey of behavioral finance.* In: *Advances in Behavioral Finance*, Thaler, Richard H. (Hrsg.), Volume II, New York, 1–78.

Bebchuk, Lucian / Fried, Jesse (2004): *Pay without performance: The unfulfilled promise of executive compensation.* Cambridge, Massachusetts.

Bebchuk, Lucian Arye / Fried, Jesse M. (2003): *Executive compensation as an agency problem*, Journal of Economic Perspectives, 17, 71–92.

Bebchuk, Lucian Arye / Fried, Jesse M. / Walker, David I. (2002): *Managerial power and rent extraction in the design of executive compensation*, The University of Chicago Law Review, 69, 751–846.

Bernard, Victor L. / Thomas, Jacob K. (1990): *Evidence that stock prices do not fully reflect the implications of current earnings for future earnings*, Journal of Accounting and Economics, 13, 305–340.

Bertrand, Marianne / Mullainathan, Sendhil (2001): *Are CEOS rewarded for luck? The ones without principals are*, Quarterly Journal of Economics, 116, 901–932.

Black, Fischer / Scholes, Myron (1973): *The pricing of options and corporate liabilities*, The Journal of Political Economy, 81, 637–654.

Bloomfield, Robert / Libby, Robert / Nelson, Mark W. (2000): *Underreactions, overreactions and moderated confidence*, Journal of Financial Markets, 3, 113–117.

Bloomfield, Robert / O'Hara, Maureen / Saar, Gideon (2009): *How noise trading affects markets: An experimental analysis*, Review of Financial Studies, 22, 2275–2302.

Bolton, Patrick / Scheinkman, José / Xiong, Wei (2006): *Executive compensation and short-termist behaviour in speculative markets*, The Review of Economic Studies, 73, 577–610.

Boschen, John F. / Smith, Kimberly J. (1995): *You can pay me now and you can pay me later: The dynamic response of executive compensation to firm performance*, The Journal of Business, 68, 577–608.

Brickley, James A. / Bhagat, Sanjai / Lease, Ronald C. (1985): *The impact of long-range managerial compensation plans on shareholder wealth*, Journal of Accounting and Economics, 7, 115–129.

Camerer, Colin F. (1987): *Do biases in probability judgement matter in markets? Experimental evidence*, The American Economic Review, 77, 981–997.

Chamberlin, Edward H. (1948): *An experimental imperfect market*, The Journal of Political Economy, 56, 95–108.

Coenenberg, Adolf G. / Haller, Axel / Schultze, Wolfgang (2009): *Jahresabschluss und Jahresabschlussanalyse: Betriebswirtschaftliche, handelsrechtliche, steuerrechtliche und internationale Grundsätze - HGB, IFRS, US-GAAP*. 21. Aufl., Stuttgart.

Copeland, Thomas E. / Friedman, Daniel (1991): *Partial revelation of information in experimental asset markets*, The Journal of Finance, 46, 265–295.

Cyert, Richard M. / Kang, Sok-Hyon / Kumar, Praveen (2002): *Corporate governance, takeovers, and top-management compensation: Theory and evidence*, Management Science, 48, 453–469.

Davis, Douglas D. / Holt, Charles A. (1993): *Experimental economics*. Princeton.

DeBondt, Werner F. M. / Thaler, Richard H. (1987): *Further evidence on investor overreaction and stock market seasonality*, The Journal of Finance, 42, 557–581.

DeFusco, Richard A. / Johnson, Robert R. / Zorn, Thomas S. (1990): *The effect of executive stock option plans on stockholders and bondholders*, The Journal of Finance, 45, 617–627.

Demski, Joel S. (2008): *Managerial uses of accounting information.* Springer Series in Accounting Scholarship. New York.

Dittmann, Ingolf / Maug, Ernst (2007): *Lower salaries and no options? On the optimal structure of executive pay*, The Journal of Finance, 62, 303–343.

Dittmann, Ingolf / Yu, Ko-Chia (2010): *How important are risk-taking incentives in executive compensation*, heruntergeladen am 14.02.2011. URL: http://ssrn.com/abstract=1176192.

Eisenhardt, Kathleen M. (1989): *Agency theory: An assessment and review*, The Academy of Management Review, 14, 57–74.

Ewert, Ralf / Wagenhofer, Alfred (2000): *Rechnungslegung und Kennzahlen für das wertorientierte Management.* In: *Wertorientiertes Management*, Wagenhofer, Alfred / Hrebicek, Gerhard (Hrsg.), Stuttgart, 3–64.

Fama, Eugene F. (1970): *Efficient capital markets: A review of theory and empirical work*, The Journal of Finance, 25, 383–417.

Forbes (2010): *Historical CEO compensation*, letzter Aufruf: 09.02.2011. URL: http://www.forbes.com/2010/04/26/executive-pay-ceo-leadership-compensation-best-boss-10-bosses_chart.html.

Forsythe, Robert / Lundholm, Russell (1990): *Information aggregation in an experimental market*, Econometrica, 58, 309–347.

Forsythe, Robert / Palfrey, Thomas R. / Plott, Charles R. (1982): *Asset valuation in an experimental market*, Econometrica, 50, 537–568.

Franke, Günter / Hax, Herbert (2004): *Finanzwirtschaft des Unternehmens und Kapitalmarkt.* 5 Aufl., Berlin.

Frey, Bruno S. / Osterloh, Margit (2005): *Yes, Managers Should Be Paid Like Bureaucrats*, Journal of Management Inquiry, 14, 96–111.

Friedman, Dan (1991): *The double auction market institution: A survey.* In: *The Double Auction Market: Institutions, Theories, and Evidence*, Friedman, Daniel / Rust, John (Hrsg.), Cambridge, Massachusetts, 3–25.

Friedman, Daniel / Cassar, Alessandra (2004): *Economics lab: An intensive course in experimental economics.* London.

Friedman, Daniel / Sunder, Shyam (1994): *Experimental methods: A primer for economists.* Cambridge.

Frydman, Carola / Saks, Raven E. (2010): *Executive compensation: A new view from a long-term perspective*, The Review of Financial Studies, 23, 2099–2138.

Gaver, Jennifer J. / Gaver, Kenneth M. / Battistel, George P. (1992): *The stock market reaction to performance plan adoptions*, The Accounting Review, 67, 172–182.

Gillenkirch, Robert M. (1997): *Gestaltung optimaler Anreizverträge - Motivation, Risikoverhalten und beschränkte Haftung.* Wiesbaden.

Gillenkirch, Robert M. (2004): *Gewinn- und aktienkursorientierte Managementvergütung.* Wiesbaden.

Gillenkirch, Robert M. (2008): *Entwicklungslinien in der Managementvergütung*, Betriebswirtschaftliche Forschung und Praxis, 60, 1–17.

Gillette, Ann B. / Stevens, Douglas E. / Watts, Susan G. / Williams, Arlington W. (1999): *Price and volume reactions to public information release: An experimental approach incorporating traders' subjective beliefs*, Contemporary Accounting Research, 16, 437–479.

Greiner, Ben (2004): *An online recruitment system for economic experiments.* In: *Forschung und wissenschaftliches Rechnen 2003. GWDG Bericht 63*, Kremer, Kurt / Macho, Volker (Hrsg.), Göttingen, 79–93.

Griffin, Dale / Tversky, Amos (1992): *The weighing of evidence and the determinants of confidence*, Cognitive Psychology, 24, 411–435.

Grossman, Sanford (1976): *On the efficiency of competitive stock markets where trades have diverse information*, The Journal of Finance, 31, 573–585.

Grossman, Stanford J. / Stiglitz, Joseph E. (1980): *On the impossibility of infomationally efficient markets*, The American Economic Review, 70, 393–408.

Hall, Brian J. (2000): *What you need to know about stock options*, Harvard Business Review, 78, 121–129.

Hall, Brian J. / Liebman, Jeffrey B. (1998): *Are CEOs really paid like bureaucrats?*, The Quarterly Journal of Economics, 113, 653–691.

Hall, Brian J. / Murphy, Kevin J. (2003): *The trouble with stock options*, Journal of Economic Perspectives, 17, 49–70.

Harris, Milton / Raviv, Artur (1993): *Differences in opinion make a horse race*, The Review of Financial Studies, 6, 473–506.

Hayek, F. A. (1945): *The use of knowledge in society*, The American Economic Review, 35, 519–530.

Hellwig, Martin F. (1980): *On the aggregation of information in competitive markets*, Journal of Economic Theory, 22, 477–498.

Hendriks, Achim (2011): *Sophie: A modular software platform for experiments with human interaction*, Working Paper, University of Osnabrueck.

Holmström, Bengt (1979): *Moral hazard and observability*, Bell Journal of Economics, 10, 74–91.

Ingersoll, Jonathan E. (1987): *Theory of financial decision making.* Lanham, Maryland.

Jegadeesh, Narasimhan / Titman, Sheridan (1993): *Returns to buying winners and selling losers: Implications for stock market efficiency*, The Journal of Finance, 48, 65–91.

Jensen, Michael C. / Meckling, William H. (1976): *Theory of the firm: Managerial behavior, agency costs and ownership structure*, Journal of Financial Economics, 3, 305–360.

Jensen, Michael C. / Murphy, Kevin J. (1990): *Performance pay and top-management incentives*, The Journal of Political Economy, 98, 225–264.

John, Teresa A. / John, Kose (1993): *Top-management compensation and capital structure*, The Journal of Finance, 48, 949–974.

Kim, Oliver / Verrecchia, Robert E. (1991): *Trading volume and price reactions to public announcements*, Journal of Accounting Research, 29, 302–321.

Kleiman, Robert T. (1999): *Some new evidence on EVA companies*, Journal of Applied Corporate Finance, 12, 80–89.

Klemperer, Paul (2004): *Auctions: Theory and practice.* Princeton.

Kramarsch, Michael H. (2004): *Aktienbasierte Managementvergütung.* 2. Aufl., Stuttgart.

Kumar, Raman / Sopariwala, Parvez R. (1992): *The effect of adoption of long-term performance plans on stock prices and accounting numbers*, Journal of Financial and Quantitative Analysis, 27, 561–573.

Kyle, Albert S. (1985): *Continuous auctions and insider trading*, Econometrica, 53, 1315–1335.

Lambert, Richard A. / Larcker, David F. (1987): *An analysis of the use of accounting and market measures of performance in executive compensation contracts*, Journal of Accounting Research, 25, 85–125.

Larcker, David F. (1983): *The association between performance plan adoption and corporate capital investment*, Journal of Accounting and Economics, 5, 3–30.

Laux, Helmut / Schenk-Mathes, Heike Y. / Gillenkirch, Robert M. (2011): *Entscheidungstheorie.* Berlin.

Lazear, Edward P. / Rosen, Sherwin (1981): *Rank-order tournaments as optimum labor contracts*, The Journal of Political Economy, 89, 841–864.

Leone, Andrew J. / Wu, Joanna Shuang / Zimmerman, Jerold L. (2006): *Asymmetric sensitivity of CEO cash compensation to stock returns*, Journal of Accounting and Economics, 42, 167 –192.

Lichtenstein, Sarah / Fischhoff, Baruch (1977): *Do those who know more also know more about how much they know?*, Organizational Behavior and Human Performance, 20, 159–183.

Lintner, John (1969): *The aggregation of investor's diverse judgments and preferences in purely competitive security markets*, The Journal of Financial and Quantitative Analysis, 4, 347–400.

Lord, Richard A. / Saito, Yoshie (2009): *Trends in CEO compensation and equity holdings for S&P 1,500 firms: 1994-2007*, heruntergeladen am 25.08.2010, erscheint in: Journal of Applied Finance. URL: http://ssrn.com/abstract=1505071.

Maines, Laureen A. / Hand, John R. M. (1996): *Individuals' perception and misperceptions of time series properties of quarterly earnings*, The Accounting Review, 71, 317–336.

Malmendier, Ulrike / Tate, Geoffrey (2009): *Superstar CEOs,* Quarterly Journal of Economics, 124, 1593–1638.

Martin, Kenneth J. / Thomas, Randall S. (2005): *When enough is enough? Market reaction to highly dilutive stock option plans and the subsequent impact on CEO compensation,* Journal of Corporate Finance, 11, 61–83.

Milgrom, Paul / Stokey, Nancy (1982): *Information, trade and common knowledge,* Journal of Economic Theory, 26, 17–27.

Miller, Merton H. / Modigliani, Franco (1961): *Dividend policy, growth, and the valuation of shares,* The Journal of Business, 34, 411–433.

Mirrlees, James A. (1976): *The optimal structure of incentives and authority within an organization,* The Bell Journal of Economics, 7, 195–131.

Morgan, Angela G. / Poulsen, Annette B. (2001): *Linking pay to performance-compensation proposals in the S&P 500,* Journal of Financial Economics, 62, 489–523.

Murphy, Kevin J. (1985): *Corporate performance and managerial remuneration: An empirical analysis,* Journal of Accounting and Economics, 7, 11–42.

Murphy, Kevin J. (1999): *Executive compensation.* In: *Handbook of Labor Economics,* Ashenfelter, O. / Card, D. (Hrsg.), Volume 3, Amsterdam, 2485–2563.

Neeman, Zvika (1996): *Common beliefs and the existence of speculative trade,* Games and Economic Behavior, 16, 77–96.

Nosic, Alen / Weber, Martin (2009): *Overreaction in stock forecasts and prices,* heruntergeladen am: 30.06.2010. URL: http://ssrn.com/abstract=1441271.

Odean, Terrance (1998): *Volume, volatility, price, and profit: When all traders are above average,* The Journal of Finance, 53, 1887–1934.

Ossadnik, Wolfgang (2009): *Controlling.* München.

Patell, James M. / Wolfson, Mark A. (1984): *The intraday speed of adjustment of stock prices to earnings and dividend announcements,* Journal of Financial Economics, 13, 223–252.

Plott, Charles R. / Smith, Vernon L. (2008): *Handbook of experimental economics results.* Amsterdam.

Rosen, Sherwin (1981): *The economics of superstars*, The American Economic Review, 71, 845–858.

Ross, Stephen A. (1973): *The economic theory of agency: The principal's problem*, The American Economic Review, 63, 134–139.

Samuelson, Paul A. (1965): *Proof that properly anticipated price fluctuate randomly*, Industrial Management Review, 6, 41–49.

Sappington, David E. M. (1991): *Incentives in principal-agent relationships*, Journal of Economic Perspectives, 5, 45–66.

SEC (2010): *The laws that govern the securities industry: Securities exchange act of 1934*, Letztes Änderungsdatum: 29.01.2010. URL: http://www.sec.gov/about/laws.shtml#secexact1934.

Sharpe, William F. (1964): *Capital asset Prices: A theory of market equilibrium under conditions of Risk*, The Journal of Finance, 19, 425–442.

Smith, Vernon L. (1962): *An experimental study of competitive market behavior*, The Journal of Political Economy, 70, 111–137.

Smith, Vernon L. (1991): *Rational choice: The contrast between economics and psychology*, The Journal of Political Economy, 99, 877–897.

Smith, Vernon L. / Suchanek, Gerry L. / Williams, Arlington W. (1988): *Bubbles, crashes, and endogenous expectations in experimental spot asset markets*, Econometrica, 56, 1119–1151.

Stern, Joel M. / III, G. Bennett Stewart / Chew, Donald (1995): *The EVA©financial management system*, Journal of Applied Corporate Finance, 8, 32–46.

Subrahmanyam, Avanidhar (1991): *Risk aversion, market liquidity, and price efficiency*, Review of Financial Studies, 4, 417–441.

Sunder, Shyman (1995): *Experimental asset markets: A survey*. In: *Handbook of Experimental Economics*, Kagel, John H. / Roth, Alvin E. (Hrsg.), Princeton, 445–500.

Tehranian, Hassan / Waeglein, James F. (1985): *Market reaction to short-term executive compensation plan adoption*, Journal of Accounting and Economics, 7, 131–144.

Teuwsen, Peer **(2010):** *Verdienen sie, was sie verdienen?*, DIE ZEIT, 15.04.2010. URL: http://www.zeit.de/2010/16/CH-Vertrauensluecke.

Thomas, Jacob / Zhang, Frank **(2008):** *Overreaction to intra-industry information transfers?*, Journal of Accounting Research, 46, 909–940.

Tortella, Bartolomé Deyá / Brusco, Sandro **(2003):** *The economic value added (EVA): An analysis of the market reaction.* In: *Advances in Accounting*, Reckers, Phillip M. J. (Hrsg.), Volume 20, Oxford, 265–290.

Varian, Hal R. **(1989):** *Differences of opinion in financial markets.* In: *Proceedings of the Eleventh Annual Economic Policy conference of the Federal Reserve Bank of St. Louis*, Stone, Courtenay C. (Hrsg.), Boston, 3–37.

Wallace, James S. **(1996):** *Adopting residual income-based compensation plans: Do you get what you pay for?*, Journal of Accounting and Economics, 24, 275–300.

Warner, Jerold B. **(1985):** *Stock market reaction to management incentive plan adoption*, Journal of Accounting and Economics, 7, 145–149.

Weisbach, Michael S. **(2007):** *Optimal executive compensation versus managerial power: A review of Lucian Bebchuck and Jesse Fried's pay without performance: The unfulfilled promise of executive compensation*, Journal of Economic Literature, 45, 419–428.

Weitzman, Martin L. **(1976):** *The new soviet incentive model*, The Bell Journal of Economics, 7, 251–257.

Yermack, David **(1997):** *Good timing: CEO stock option awards and company news announcements*, The Journal of Finance, 52, 449–476.